中国古代
生态智慧
300句

本书编写组　编著

Ancient Chinese
Wisdom about Ecology:
With Selections from
Traditional Classics

孔學堂書局

本书获贵州省孔学堂发展基金会资助

图书在版编目（CIP）数据

中国古代生态智慧300句 / 本书编写组编著. — 贵
阳：孔学堂书局，2023.2
　　ISBN 978-7-80770-396-9

　Ⅰ.①中… Ⅱ.①本… Ⅲ.①生态伦理学—中国—古
代—通俗读物 Ⅳ.①B82-058

中国国家版本馆CIP数据核字(2023)第015119号

中国古代生态智慧 300 句　本书编写组　编著
ZHONGGUO GUDAI SHENGTAI ZHIHUI 300 JU

责任编辑：陈　真　王紫玥
责任校对：杨翌琳　孟　红
版式设计：刘思妤
责任印制：张　莹

出　　品：贵州日报当代融媒体集团
出版发行：孔学堂书局
地　　址：贵阳市乌当区大坡路26号
印　　制：深圳市新联美术印刷有限公司
开　　本：787mm×1092mm　1/16
字　　数：254千字
印　　张：18
版　　次：2023年2月第1版
印　　次：2023年2月第1次
书　　号：ISBN 978-7-80770-396-9
定　　价：90.00元

前言

2020年初，一场突如其来的新冠病毒肺炎疫情席卷全球，波及210多个国家和地区，影响70多亿人口，成为百年来全球发生的最严重的传染病大流行。这在人类同疾病和灾难的斗争史上都是极为罕见的，对人类文明进程产生了重大影响。

大自然是生命的源泉，生态环境是人类生存和发展的根基。当人类尊重自然、善待自然，自然就会馈赠人类；当人类粗暴掠夺、破坏自然，自然的惩罚必然是无情的。回顾历史，不难发现，无论是夺走几千万人生命的14世纪鼠疫、1918年大流感等大疫病，追其根源，也都与人类肆意破坏生态环境相关。恩格斯在《自然辩证法》中告诫："不要过分陶醉于我们人类对自然界的胜利。对于每一次这样的胜利，自然界都对我们进行报复。"习近平总书记指出："人类对大自然的伤害最终会伤及人类自身，这是无法抗拒的规律。"这次新冠病毒肺炎疫情的暴发再次显示了这一永恒自然规律的威力，警醒我们要敬畏大自然、顺应大自然、呵护大自然，绝不能破坏生态环境。

疫情是大自然给人类上的一堂深刻的警示教育课，人类是这堂课的学生。我们该如何处理人与自然的关系，避免重蹈覆辙呢？中华民族5000

多年文明史中，闪耀着许多人与自然和谐共生的生态智慧火花。习近平总书记指出："中华民族向来尊重自然、热爱自然，绵延5000多年的中华文明孕育着丰富的生态文化。"通过梳理儒家、道家和佛教等历史文献就会发现，古代先贤以其高瞻远瞩的智慧，为我们开启了追寻人与自然和谐相处的生存发展之道。时至今日，这些质朴睿智的思想理念，仍给人以深刻警示和启迪。比如，如何看待人与自然的关系？古人认为"天人合一"，天与人就是人与自然是一个不可分割的整体。孔子指出"天何言哉？四时行焉，百物生焉"，老子曰"道生一，一生二，二生三，三生万物""人法地，地法天，天法道，道法自然"，庄子认为"天地与我并生，而万物与我为一"，董仲舒说"天人之际，合而为一"，王阳明说"大人者，以天地万物为一体者也"。这些都集中体现了我国古人对人与自然关系的认识，将人与自然看作一个有机整体，人与自然相互依赖、相互联系，人类也只有顺应自然，尊重自然规律，才能达到天地人的和谐共处。比如，人类如何对待自然？古人深刻认识到生态系统中不同生物间相互依存的关系。老子云："鱼不可脱于渊。"荀子提出"山林者，鸟兽之居也""山林茂而禽兽归之""山林险则鸟兽去之"，认为茂密的山林是动物生存的基本条件，如果山林遭到了破坏，动物就会被迫迁徙，因此要注重保护自然资源。古代思想家还把是否做到顺应自然规律上升到道德层面加以强调。孟子主张"仁民而爱物"，《庄子·秋水》提出"物无贵贱"，荀子说"万物各得其和以生，各得其养以成"，管子提出"为人君而不能谨守其山林菹泽草莱，不可以立为天下王"，佛教讲究"众生平等"。这些都告诫我们要用敬畏之心平等对待自然万物，珍惜爱护各种各样的生命就是在保护生态环境，就是在保护人类自己。比如，如何合理利用自然？古代先贤深刻地洞察到，大自然并非取之不尽、用之不竭，强调要以时禁发，依据动植物生长发育的节律，因时制宜决定何时禁止和允许开采、捕获动植物资源。荀子提出："草木荣华滋硕之时，则斧斤不入山林，不夭其生，不绝其长也。"孟子说："不违农时，谷不可胜食也；数罟不入洿池，鱼鳖不可胜食也；斧斤以时入山林，材木不可胜用也。"对自然资源的开发利用，古人还强调要"取之有度，用之有节"，不能无休止地进行攫取。《论语·述而》提出"子钓而不纲，弋不射宿"。《礼记》指出"天子不合围，诸侯不掩群"，"合围""掩群"，就是把鸟兽一网打尽。这些都告诫我们要在尊重自然规律的基础上，合理地利用自然资源谋求自身发展，不能无序开发、攫取无度。比如，如何避免浪费自然资源？我们现在所提倡的厉行节约、绿色消费等，并不是现代社会的产物，古代先贤给我们留下诸多"警世恒言"。如《周易》主张"君子以俭德辟难"，老子提出"去甚，去奢，去泰"，《论语》说"节用而爱人"，墨子指出"俭节则昌，淫佚则亡"。当然，古人反对奢侈之风，主要是从这些奢侈品的生产，影响了基本物质资料生产和社会稳定等角度来论述的，但从客观上来讲，这些也告诫我们只有节欲节用、适度消费，才能避免自然资源的极度浪费，防止生态失衡。比如，如何发现自然之美？古人十分擅长从大自然中发现生命之美，感悟人生真谛。孔子主张"知者乐水，仁者乐山；知者动，仁者静；知者乐，仁者寿"。道家主张回归自然，崇尚自然之美，以"道"的原则去审美，认为和谐就是美，只有理解"道"的人，才能体会自然之美。程颐说"万物之生意最可观"，强调天地万物都蕴含活泼的生机，这种生机是最值得观赏的。这些思想观点，也在中国传统文学、绘画等艺术创作中表现出来。"采菊东篱下，悠然见南山""池塘生春草，园柳变鸣禽""欲把西湖比西子，淡妆浓抹总相宜"……这些寄情山水、陶醉于自然山水的诗歌为后人称道。这些都启迪我们要善于从天地景色、山川草木、鸟兽虫鱼、四季变化中发现大自然之美，感悟人与万物一体的境界，增强人与自然共生共存的生命意识。比如，如何确立自然环境保护制度？古人不仅"坐而论道"阐述了丰富的生态智慧、生态思想，还"起而行之"将这些智慧、思想运用到治国理政和生产生活中，涌现了大量的生动实践。古代很早就设立掌管山林川泽的机构，制定政策法令保护环境，即虞衡制度。《周礼》记载，设立"山虞掌山林之政令，物为之厉而为之守禁"，"林衡掌巡林麓之禁令，而平其守"。这一制度一直延续到清代。同时，我国不少朝代都有保护自然的律令并对违令者重惩，如周文王颁布的《伐崇令》规定："毋坏室，毋填井，毋伐树木，毋动六畜。有不如令者，死无赦。"这些实践中有效的管理经验表明，我们保护生态环境必须依靠制度、依靠法治。

毋庸置疑，中国古代生态智慧是中华优秀传统文化的瑰宝。中国古代生态智慧蕴含的哲学思想、人文精神、教化理念，可以为人们认识自然、改造自然提供有益启迪，可以为解决当代人类所面临的全球性公共卫生事件以及其他各类生态问题提供有益借鉴，值得我们学习、吸收、转化、利用。然而，善忘是人类的通病。在现实中，人们在处理人与自然的关系时，或多或少忘记了古人的警示，把人类凌驾于自然之上，认为人类是世界的主宰、"人定胜天"，以致对生态环境造成不可挽回的损害。比如，一些地方对古人"天育物有时，地生财有限""竭泽而渔，岂不获得？而明年无鱼；焚薮而田，岂不获得？而明年无兽"等警示置若罔闻，把人与自然割裂开来，只讲索取不讲投入，只讲发展不讲保护，只讲利用不讲修复，依然走"杀鸡取卵""竭泽而渔""先污染后治理"的老路，不惜以牺牲生态环境为代价换取经济的一时发展。近年来发生的秦岭违建别墅事件、祁连山非法采矿事件、青海木里非法采矿事件等就是其中的典型，严重破坏了当地生态环境，教训不可谓不深刻。再比如，一些人忽视资源环境的承载能力，将"一粥一饭，当思来处不易；半丝半缕，恒念物力维艰""谁知盘中餐，粒粒皆辛苦"的古训和"克勤克俭""戒奢以俭"的优良传统抛之脑后，导致"舌尖上的浪费"、攀比铺张等现象存在，网络上一些"大胃王吃播"甚受追捧。种种不合理的现象和行为都警醒我们，需要重温古人的生态智慧，并创造性地运用到实践中。我们在中国数千年的历史长河中寻觅、梳理出300句古代先贤有关人与自然、生态文明的格言、警句、古训等，进行注释、翻译、点评，以期这些正日渐被遗忘的智慧重新"活"起来，同时也是给广大干部群众提供了一个提升生态文明意识和提高处置生态问题能力的学习读本。

习近平总书记十分善于在治国理政中汲取中华优秀传统文化的营养，在推进生态文明建设中也十分注重运用中国古代生态智慧。历史是最好的老师。我们温习中国古代生态智慧，不是为了装点门面、掉书袋，而是要做到知行合一、以知促行，特别是要和践行习近平生态文明思想有机结合起来。党的十八大以来，习近平总书记以马克思主义政治家、战略家、理论家的深刻洞察力、敏锐判断力和战略定力，站在坚持和发展中国特色社会主义、实现中华民族伟大复兴中国梦的战略高度，传承中华优秀传统文化、顺应时代潮流和人民意愿，提出了一系列标志性、创新性、战略性的重大思想观点，深刻回答了"为什么建设生态文明、建设什么样的生态文明、怎样建设生态文明"的重大问题，形成了系统科学的习近平生态文明思想，为推进美丽中国建设、实现人与自然和谐共生的现代化提供了思想指引和根本遵循。习近平生态文明思想根植和升华生生不息的中华文明，古代先贤的生态智慧为习近平生态文明思想奠定了客观的历史文化基础。习近平总书记提出的"生态兴则文明兴，生态衰则文明衰""绿水青山就是金山银山""望得见山，看得见水，记得住乡愁""山水林田湖草是一个生命共同体""像保护眼睛一样保护生态环境，像对待生命一样对待生态环境""保护生态环境就是保护生产力，改善生态环境就是发展生产力""良好生态环境是最普惠的民生福祉""用最严格制度最严密法治保护生态环境"等重要论述，很多都可以在中国古代生态智慧中找到其历史渊源。这些精辟论述是对中国古代生态智慧的总结、提炼、丰富和发展，有着鲜明的时代特征，具有十分重要的现实指导意义。从中国古代生态智慧的角度去学习领悟习近平生态文明思想，就能理解得更深刻、把握得更准确，践行习近平生态文明思想的定力就更坚定、行动就更自觉；在学思践悟习近平生态文明思想中融会贯通、传承、弘扬中国古代生态智慧，就能赋予中国古代生态智慧更加显著的时代精神和实践价值，使其焕发新活力，为新时代生态文明建设事业服务。

如今新冠病毒肺炎疫情仍在全球大流行，人类生命和健康正遭受严重威胁；气候变化、海洋污染等全球性环境问题也愈发严重。建设绿色家园是全人类的共同梦想，保护生态环境、应对生态挑战是全世界的共同责任。在梳理、阐释中国古代生态智慧的过程中，大家越发觉得"越是民族的，越是世界的"，其蕴含的道理不仅仅适用一国一域，而是适用全人类，是解决当代人类生态难题的重要智慧。相信《中国古代生态智慧300句》一书能够为中国古代生态智慧的创造性转化、创新性发展，为共同建设美丽地球家园、实现人类永续发展贡献绵薄之力！

凡例

    本书摘录、选编中国古代典籍中有关生态问题的相关论述，逐条加以注释和翻译，并本着古为今用的态度进行理论联系实际的解读和阐发，试图为机关事业单位的各级干部提供既有材料剖析又有理论阐述的关于古人生态智慧的学习读本，亦可作为社会公众了解和学习中国古代生态思想论述的查阅工具书。基于这一宗旨，对于本书的选编考虑和相关体例说明如下：

    一、为了让读者对中国古人的生态论述既有具体条目的了解，又有总体和较为系统的理论掌握，本书设置了"天人篇""价值篇""伦理篇""消费篇""发展篇""审美篇""制度篇"七个专题，并以此为框架组织，分类全部摘录条目。本书就这些专题分别撰述了简明而扼要的导言，对中国古人相关方面的思想试图给予准确而全面的概括和介绍，以此统领其所属具体条目的论述。希冀如此可达提纲挈领之效果。

    二、关于设置的七个专题之间的关系及其顺序。本书"天人篇"与"价值篇"两个专题属于总论，主要从事实与价值两个层面分别论述中国古人理解的"天人关系"问题。这是涉及中国古代生态智慧的核心和基础问题，中国古人所有关于生态问题及其他方面的论述都是基于此天人关系的认识和理念而发展与提炼出来的。根据此部分属总论的认识，后续设置的"伦理篇""消费篇""发展篇""审美篇""制度篇"则属分论，可看作是对前面两个专题内容的具体展开与支撑。

三、关于选编条目的内容、范围。本书摘录选编并加以注译解的古代经典文本，从涉及的文献范围看，包括了古代的经史子集四部，从涉猎的学派看，则包括了儒、道、佛三教以及墨、法、阴阳、农、杂诸家，其中既有抽象的生态哲学理念的表达，亦有具体的生态保护措施与制度的记录，形式与内容上都是比较丰富的。当然，本书并不能做到囊括中国古人关于生态的一切论述资料，而且由于考虑读者的需求以及选编的目的、篇幅问题，许多古代涉及生态问题的材料并不能收入本书。比如，本书的选编侧重中国古人关于生态问题的理论论述，注重对中国古人生态智慧的借鉴与继承，而对中国古代生态问题的发展历程及实践的成效得失等问题则不太关注。因此，本书更具有理论性与哲学性，其目的在于为今天生态文明建设提供传统文化的思想资源与理论支撑，而非是一部关于中国古代生态问题的史料摘要、汇编。

四、关于注译解的体例。本书选编条目，在每条原文后给出文本出处后，随即对其进行"注""译""解"。每个条目的文字依据历史上和今天通行的权威版本摘录而来，随文仅给出文本名称，相关详细版本信息则以书后参考文献的形式给出。每个专题之下的选编条目先按照儒、道、佛、杂家、文学艺术的不同领域与来源分类，大体符合古代图书分类中由经而史、而子、而集的顺序。为了增强本书的可读性，在每个专题的最后，还选有数个生态故事，其注解体例仿照一般条目。"注"部分对选编条目中的疑难字词进行音、义的注明和解释，"译"部分则给出条目文字的现代汉语翻译，"解"部分进一步交代条目文字的语境，阐发其思想内涵，并进行理论联系实际的发挥与诠释，以求达到古为今用的目的。在"注""译""解"中，本书参考了一些中国古代典籍的今人今注今译成果，在此对这些前辈与当代学者表示深深的感谢，参考的书籍情况亦在书后的参考文献部分交代，恕无法在文中一一具体标明。

本书编写组

目录

天人篇　001

【儒家】　006

【道家】　020

【佛家】　028

【杂家】　029

【文学】　032

【故事】　035

价值篇　039

【儒家】　044

【道家】　056

【佛家】　059

【杂家】　061

【文学】　066

【故事】　069

伦理篇　073

【儒家】　077

【道家】　093

【佛家】　096

【杂家】　098

【文学】　100

【故事】　102

消费篇　105

【儒家】　110

【道家】　121

【杂家】　126

【文学】　142

【故事】　144

发展篇　149

【儒家】　153

【道家】　166

【杂家】　169

【文学】　183

【故事】　183

审美篇　185

【儒家】　190

【道家】　197

【佛家】　199

【文学】　203

【故事】　218

制度篇　223

【儒家】　227

【杂家】　237

【文学】　263

参考文献　265

后　记　271

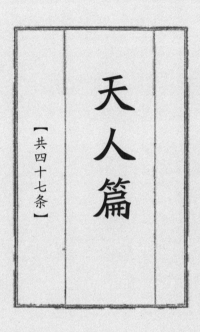

天人篇

【共四十七条】

人与自然的关系是人类生存及其经济社会发展中所面临的最基本的关系，人类总是在与自然的互动中生产、生活和发展。习近平总书记强调"自然是生命之母，人与自然是生命共同体，人类必须敬畏自然、尊重自然、顺应自然、保护自然"，给世人怎样看待自然、怎样对待人与自然的关系提出了高屋建瓴的原则。人与自然的关系，在中华传统文化中属于天人论。中国古人的天人观蕴含着丰富而具体的先进理念，足可成为支持今天中国生态文明建设的重要思想资源，也是中国可以贡献给世界环境保护事业的独特民族智慧。

中国古人对于自然持有一种有机主义的理解，将宇宙万物看作是一个普遍联系而又生生不息的有机整体。从中国哲学来看，自然界不仅是物质活动的场域，还是鸢飞鱼跃的充满生机的生命之域，它迥然不同于西方近代以来的机械主义的自然观，具有深刻的生态哲学的意义。在这个意义上，我们可以认为中国古人持有一种生态自然观。中国古代比较成熟的自然观在先秦时代就已经形成，主要体现于对"天、地、人"关系的理解和认识。天人问题可以说是中国古代生态智慧的哲学基础。在中国古人看来，天人关系从来都不是主客分离、相互对立，而是相互依存、和谐统一的，这在"天人合一""万物并生""法界一体"等传统思想中均有所体现。总的来说，中国古人的生态自然观主要包含以下内容：

其一，关于自然界的起源与构成：有机的整体论与动态的活力论。"气"的观念是中国古人理解宇宙万物的基础。早在西周时期，伯阳父就已经从阴阳二气的相互作用来说明地震等自然现象。《管子》一书中则提出了精气的概念，用来说明人类的生命与精神意识。《周易》以阴阳概念为基础，普遍探讨了天、地、人三才之道的原理，提出了"一阴一阳之谓道"的哲学思想。汉代，董仲舒与王充虽然一者大谈天人感应，一者疾斥虚妄，但都立本于"气"来构建自己的宇宙论图式。王充说："天地，含气之自然也。"到了宋明时期，理学派、心学派和气学派，在心性与道德问题的理解上纷争不已，但在宇宙论上同样都肯定气的本原地位。《二程遗书》中说："万物之始皆气化；既形然后以形相禅，有形化。"明清之际的思想家方以智说："一切物皆气所为也，空皆气所实也。"中国古人认为客观世界中的宇宙万物均由"气"组成，"气"本身具有运动的能力，阴阳二气相互作用、相互感动而形成动态、有机的自然世界的一切有条理的现象。自然界的本质是遵循一定规律的客观存在，是不以人的意志为转移的，人和万物一样都必须遵循统一的"气化"的自然法则。

其二，人是自然界的有机组成部分：存有的连续论。中国古人将人与人的世界看作是自然世界的延伸：人本身就是自然世界的组成部分，人文世界与自然世界不可分离。《周易》提出："有天地然后有万物，有万物然后有男女，有男女然后有夫妇，有夫妇然后有父子，有父子然后有君臣，有君臣然后有上下，有上下然后礼义有所错。"从天地自然到人伦世界，是一个连续不断的过程。老子曰："道大，天大，地大，王亦大。域中有四大，而王居其一焉"；庄子曰："天地与我并生，而万物与我为一。"人只不过是自然世界的一个环节与部分而已。宋明时期的理学家更是大谈"人与天地万物为一体"。程颢说："人与天地一物也。"王阳明说："夫人者，天地之心，天地万物，本吾一体者也。"中国古人强调人与自然的整体性、统一性和相互作用的协调性、和谐性，认为人是自然界的有机组成部分，主张万物一体，反对仅仅把自然界当作人类生存环境的二元论思想。

其三，人与自然具有不同的职能，相互依存而不相互脱离。荀子讲到礼仪的本原与依据时说道："天地者，生之本也；先祖者，类之本也；君师者，治之本也。无天地，恶生？无先祖，恶出？无君师，恶治？三者偏亡焉，无安人。"天地与先祖、君师在人类的文明生活中均不可少。荀子又言："天有其时，地有其财，人有其治，夫是之谓能参"；"天地者，生之始也；礼义者，治之始也；君子者，礼义之始也……天地生君子，君子理天地……"凡此都在说明和强调人与自然具有不同的职能，相互为用而不可相无。董仲舒提出："何谓本？曰：天、地、人，万物之本也……

三者相为手足，合以成体，不可一无也。"朱熹亦说："天有春夏秋冬，地有金木水火，人有仁义礼智，皆以四者相为用也。"中国古人一贯将"天、地、人"三才作为一个整体来思考，强调"天人合一"，认为人与自然浑然一体，是相互依存的共生关系。

中国古人把人与自然看作成一个普遍联系、不断运动的整体，将自然界和人类社会相关联，强调人与自然万物的整体统一和相互联系。虽然这种朴素的辩证自然观对具体的自然现象研究较少，对自然科学的发展所起的推动作用较为有限，但其通过对"天"与"人"关系的探索、辩证和认识，逐步建立起了"天人合一"的思想体系，提出的关于人与自然和谐发展的理念，时至今日仍值得借鉴。党的十九大报告中强调"人与自然是生命共同体"，党的二十大报告阐明"中国式现代化是人与自然和谐共生的现代化"，正是对中华优秀传统文化中的此一理念的新发展与新诠释。通过正确理解和认识中华传统文化中儒、道、佛及各家从不同角度诠释以"天人合一"为核心的古代生态自然观，可以为今天正确处理人与自然的关系、促进人与自然和谐共生提供重要的思想基础，可以为生态文明建设提供宝贵的传统文化资源。

【儒家】

1.天地之大德曰生^①。（《周易·系辞下》）

【注】①生：生息、化生。

【译】天地最伟大的德性是化生万物。

【解】《周易》简称《易》，儒家重要经典之一，内容包括《易经》和《易传》两部分。《易经》的创作可能早在殷周之际，最初作为占卦之用。《易传》是对《易经》最早的解说，旧传为孔子所作。"天地之大德曰生"，这个"生"除生命、生息以外，还包含了生长、生成、化生等等，代表了中国古人对于世界根本特性的理解。《周易》说"天地之大德曰生""生生之谓易""日月运行，一寒一暑。乾道成男，坤道成女"。自然界生生不息，乃为一动态机体，这成为中国古代自然观的核心认识。《周易》如此理解的自然世界，实即今天所谓的"生态系统"。生态系统就是在一定区域内，生物和其所处环境之间进行着连续的能量和物质交换而形成的一个生态学概念。对生态系统来说，生态平衡是整个生物圈的生命维持系统保持正常运转的重要条件。而要保持和维护生态平衡的前提，关键是理解人与自然的关系。中国古人认为，人与天地万物同根同源，人与动物、植物一样都是由天地所化生，是天地的一部分，只有深刻地理解生命与孕育生命的天地的这种依存关系，人类才能真正地善待万物、善待自然。

2.有^①天地然后有万物，有万物然后有男女。（《周易·序卦》）

【注】①有：存在。

【译】有了自然界的天和地，然后就存在宇宙万物；有了宇宙万物，然后就存在男人、女人。

【解】这句话出自《周易·序卦》："有天地然后有万物，有万物然后有男女，有男女然后有夫妇，有夫妇然后有父子，有父子然后有君臣，有君臣然后有上下，有上下然后礼义有所错。"中国古人认为，万物都来自天地自然，是有机统一的整体，人世间的男女由天地自然孕育而生，人与自然是同脉相连的，人类世界是自然世界的产物与延伸。因为人与自然万物本源相同，人是天地万物之一部分，所以人与万物所遵循的规律与自然界的天地所遵循的别无二致，这即中国人的自然观中对于"存有的连续性"的肯定。习近平总书记在2018年5月18日全国生态环境保护大会上发表了题为《推动我国生态文明建设迈上新台阶》的重要讲话，讲话开篇便指出："中华民族向来尊重自然、热爱自然，绵延5000多年的中华文明孕育着丰富的生态文化。……这些观念都强调要把天地人统一起来、把自然生态同人类文明联系起来，按照大自然规律活动，取之有时，用之有度，表达了我们的先人对处理人与自然关系的重要认识。"中国古代朴素自然观中对自然万物一体联系的认识，以及认为一切人事均应顺乎自然规律、人与自然和谐的观点，对当代社会加强生态环境保护、推动我国生态文明建设具有十分重要的意义。

3.天地以顺动，故日月不过①，而四时不忒②。（《周易·豫卦·象传》）

【注】①过：过失。 ②忒：差错。

【译】天地因物之本性、因时机而运化，所以日月的运行不会有过失，春夏秋冬四时的运行不会有差错。

【解】这句话出自《周易·豫卦·象传》："《彖》（tuàn）曰：豫，刚应而志行，顺以动，豫。豫，顺以动，故天地如之，而况建侯行师乎？天地以顺动，故日月不过，而四时不忒；圣人以顺动，则刑罚清而民服。豫之时义大矣哉！"《彖》所言的"天地以顺动"，其意思就是大自然顺着其固有的规律而运动，因此日月运行有规、四时循环无差，人亦应顺"天时"而为。类似这样的论述在《周易》中有多处，如《恒卦·象传》"天地之道，恒久而不已也……日月得天而能久照，四时变化而能久成；圣人久于其道，而天下化成。观其所恒，而天地万物之情可见矣"等等。大自然有其自身规律和法则，是不以人的意志为转移的，是人所不能违背的，人应顺应自然而发展。这种理念跟人类中心主义采用二分的思维方式，认为人是自然的主宰的观点是完全对立的。而事实证明，人绝不是自然万物的对立面，人类要懂得尊重自然、顺应自然、保护自然。"人与自然是命运共同体"，人类对自然的破坏和伤害，最终会波及自身，遵循自然规律是人类社会可持续发展的前提。

4.方^①以类聚，物^②以群分，吉凶生矣。（《周易·系辞上》）

【注】①方：方向，事物的走向。②物：生命。

【译】事物走向按其性质聚合，生命按其规律分布，吉或凶便因此产生了。

【解】这出自《周易·系辞上》的第一段话："天尊地卑，乾坤定矣。卑高以陈，贵贱位矣。动静有常，刚柔断矣。方以类聚，物以群分，吉凶生矣。在天成象，在地成形，变化见矣。"其中这个"方"字，有两种解释。一种说，古代的"方"字，写得像一只蹲着的猴子，所以解释"方以类聚"，说像猴子一样，一类一类地聚在那里。另一种说法以为"方以类聚"的真正意义，应是指天体在运行的过程中所处不同方位，会出现不同的自然现象，如春夏两季阳气上升，秋冬两季阴气上升，不同的时节适宜做的事情也是不一样。"物以群分"的"物"指的是生命，各种生命以不同的群划分，《坤卦·象辞》"西南得朋，乃与类行"也是此意。

大自然有其自身规律，人类须按照自然规律进行生产生活，一切违背自然规律的做法都是不可取的，肆无忌惮只会带来灾难，恣意妄为必将自食恶果。千百年来，大规模违反自然规律的人类活动给地球的生态环境造成了极大的破坏，而这些破坏是会让人类付出惨痛代价的。尊重自然、顺应自然规律，是谋求人类福祉、促进人与自然和谐共生的基础。未来，人类更需要摆脱工业文明思维的束缚，摆脱仅仅将自然当作牟利的"有用物"的偏见，推进人与自然多重、多维融合，展现人的生命在自然界中丰富多彩的意义和价值。

5.范围①**天地之化而不过，曲成**②**万物而不遗。（《周易·系辞上》）**

【注】①范围：包罗。②曲成：通过各种方式成就万物，即所谓"殊途同归"。

【译】包罗天地的化育之功而无所过差，能够通过各种方式成就万物而无所遗漏。

【解】这句话出自《周易·系辞上》："《易》与天地准，故能弥纶天地之道。仰以观于天文，俯以察于地理，是故知幽明之故。原始反终，故知死生之说。……与天地相似，故不违。知周乎万物而道济天下，故不过。旁行而不流，乐天知命，故不忧。安土敦乎仁，故能爱。范围天地之化而不过，曲成万物而不遗。通乎昼夜之道而知。故神无方而《易》无体。"其意思是，《周易》以天地与自然界的规律为准则，以阴阳学说为核心，融天、人、地为一体的系统思维方式，确定人与天地、人与万物、人与人和谐相处的行为规范。朱熹说："天地之化无穷，而圣人为之范围，不使过于中道，所谓裁成者也。"

《周易》是中华传统文化中自然哲学与人文实践的理论根源，是古代智慧的结晶，广大精微，包罗万象，被誉为"大道之源"，是古代政治家、军事家的必修之术。《周易》认为天地变化，阴阳相克相生、互为益进、循环往复，人们应遵守自然法则，遵循自然规律，顺势而为。中国古人这种注重"平衡"的生态思想对生态文明建设具有重要意义。人与自然要达到和谐共生，首先必须懂得尊重自然、顺应自然，才能平衡发展。

6.万物并育而不相害^①，道并行而不相悖^②。（《礼记·中庸》）

【注】①害：伤害，妨害。②悖：违背，冲突。

【译】万物同时生长而不相妨害，日月运行四时更替而不相冲突。

【解】这句话见于《礼记·中庸》："仲尼祖述尧舜，宪章文武。上律天时，下袭水土。辟如天地之无不持载，无不覆帱。辟如四时之错行，如日月之代明。万物并育而不相害，道并行而不相悖。小德川流，大德敦化。此天地之所以为大也。"《中庸》认为孔子继承尧、舜，效法周文王、周武王，尊崇上天的运行规律，遵循水土的自然法则，如同天无所不覆盖、地无所不负载，如同四季交错运行、日月更替照耀。其中，"万物并育而不相害，道并行而不相悖"为传世名言。其意思是，万物竞相生长而互不妨害，日月运行、四时更替而互不冲突，体现了宇宙和大自然法则中的包容精神与和合之道。世间万物是相辅相成的辩证统一关系，万物紧密相连，优胜劣汰的残酷并不影响生态系统整体的稳定、平和，是各个物种在大自然中的共同存在才构成了丰富多彩的世界。因此，我们需要正确地认识人与自然的关系，在经济社会发展中尊重自然生态系统，让自然界"万物并育而不相害"，重新建立人与自然"你中有我，我中有你"的"耦合"关系，促进人与自然和谐共生。

7.天气下降，地气上腾，天地和同^①，草木萌动^②。（《礼记·月令》）

【注】①和同：调和。②萌动：开始发芽。

【译】天气往下降，地气往上升，天地之气和合混同，于是草木开始萌芽生长。

【解】这句话出自《礼记·月令》："孟春之月……东风解冻，蛰虫始振，鱼上冰，獭祭鱼，鸿雁来……乃择元辰……大夫躬耕帝藉……是月也，天气下降，地气上腾，天地和同，草木萌动……仲春之月……桃始华，仓庚鸣，鹰化为鸠……是月也，玄鸟至。至之日，以大牢祠于高禖……季春之月……桐始华……虹始见，萍始生……舟牧覆舟，五覆五反……天子始乘舟……布德行惠……鸣鸠拂其羽，戴胜降于桑。"其文生动地展示了中国古代人与自然万物和谐相处的画面，体现了古人对于"天、地、人"三才的整体关联性的认识。

《月令》是一种分月记载历象、物候，并排列社会、经济、文化活动的文献体裁。《礼记·月令》作为儒家经典名篇之一，内容分为"孟春之月""仲春之月""季春之月""孟夏之月""仲夏之月""季夏之月""年中祭祀""孟秋之月""仲秋之月""季秋之月""孟冬之月""仲冬之月""季冬之月"，共13部分，是中国古代月令体裁系统化、成熟化的代表文本，记录了四季的自然现象以及与之相适应的社会活动，蕴含着"敬畏自然、尊重自然、顺应自然"的古代朴素生态观。

8.天行①有常②，不为尧③存，不为桀④亡。（《荀子·天论》）

【注】①天行：天道，即大自然的运行。②常：规律，常规。③尧：中国上古时期的部落联盟首领，"五帝"之一。④桀：夏朝末代君主，史称夏桀，是历史上有名的暴君。

【译】大自然的运行有其自身规律，这个规律不会因为尧的圣明或者夏桀的暴虐而改变。

【解】这句话出自《荀子·天论》："天行有常，不为尧存，不为桀亡。应之以治则吉，应之以乱则凶。强本而节用，则天不能贫；养备而动时，则天不能病；循道而不贰，则天不能祸。"荀子（约前313年—前238

年）一方面指出自然万物是客观存在的，万事万物的生成、运动、发展都是遵循客观规律而变化的，这些固有的自然规律从根本上制约着人类的生存和发展，人类不能离开自然界而独立存在；另一方面，认为"天"没有意志可言，不能控制人类的命运，因此人类在自然面前并非只能被动顺从，可以通过认识自然从而利用自然、改造自然，为人类造福。荀子提出的这种"天人相分"观点，时至今日仍具有高度的价值。

随着工业文明的兴起，人类步入了现代化发展进程，大工业使经济快速发展，物质财富显著增多，但也消耗了大量的自然资源，自然环境遭到破坏，人与自然的矛盾凸显。面对出现越来越多的环境问题，人类应比任何时候都要更清醒地认识到，自然规律不以人的主观意志为转移，在开发利用自然上要尊重自然、顺应"天道"，否则必然遭到大自然的报复。

9.天人之际^①，合而为一。（《春秋繁露·深察名号》）

【注】①际：中间，彼此之间。

【译】天和人之间是合而为一的关系。

【解】董仲舒（前179年—前104年），西汉哲学家，儒学大家。他在"天人合一"哲学思想的基础上，系统地提出了"天人感应"之说。此句出自董仲舒《春秋繁露·深察名号》："物莫不有凡号，号莫不有散名，如是。是故事各顺于名．名各顺于天。天人之际，合而为一。同而通理，动而相益，顺而相受，谓之德道。《诗》曰：'维号斯言，有伦有迹。'此之谓也。"董仲舒认为，"天"代表物质环境，"人"代表调试物质资源的思想主体，"合"是矛盾间的形式转化，"一"是矛盾相生相依的根本属性。"天人合一"理念代表了我国先贤圣哲对人与自然关系最朴素也是最本质的价值认知，是中华传统文化中的重要哲学思想。我国著名历史学家钱穆先生认为：中华文化特质，可以"一天人，合内外"六字尽之。

中国古人认为，宇宙自然是大天地，人则是一个小天地，人与天地共同构成了一个自然整体，人类的生产和生活必须依赖自然界而存在，是以自然环境的存在和发展为前提的，没有自然就没有人，两者关系是无法割裂的，故一切人事均应顺乎自然规律，人应与大自然和谐相处。

10.物之初生，气①日至而滋息。物生既盈②，气日反而游散。（《正蒙·动物篇》）

【注】①气：元气。②盈：盛满、充满。

【译】万物初生的时候，其气每日凝至而滋息；既已壮盛之后，其气则每日返归（太虚）而向外游散。

【解】张载（1020年—1077年），北宋思想家、教育家、理学创始人之一。他所提出的气一元论、"天人合一"论和"民胞物与"论，具有鲜明的生态哲学意蕴，汇集了中国古代儒学生态智慧的精华，代表着中国古代生态智慧的较高水平。

张载的《正蒙·动物篇》曰："动物本诸天，以呼吸为聚散之渐；植物本诸地，以阴阳升降为聚散之渐。物之初生，气日至而滋息；物生既盈，气日反而游散。至之谓神，以其伸也；反之为鬼，以其归也。"这里的"气"并不是我们今天所讲的"空气"，而是指天地之间的一股生命质能。中国古人认为，世间的万事万物皆是天地之气所化生，"气"按照一定规律的凝聚与消散导致万物的生成与消亡。因此，人的行为不能违反"气"的运行规律，应尊重自然节律而行，维持生态平衡。

11.宇宙不曾限隔①人，人自限隔宇宙。（《陆九渊集》卷三十六）

【注】①限隔：阻隔、隔绝。

【译】大自然并不曾把人与其限隔开来，而是人把自身同宇宙相区隔。

【解】陆九渊（1139年—1193年），南宋哲学家，陆王心学的代表人物。《陆九渊集》为"理学丛书"系列之一，基本收录了其传世的全部著作。

在人类社会的发展过程中，人与自然的关系是人类社会永恒的主题。在早期的人类社会中，由于人在自然面前的弱小和无力，致使自然界很多现象被神秘化，人对自然现象更多的是感到害怕；但是，随着人类社会的不断发展，人从自然界中脱颖而出，成为"万物之灵"，妄图主宰自然。特别是工业文明时代，人类对自然资源的过度开发和利用，不仅干扰了自然生态的正常演化，而且破坏了生态系统的平衡，导致生态危机，臭氧层被破坏、温室效应导致的气温反常、洪水泛滥、土地荒漠化等问题已成为世界性的生态危机问题。"宇宙不曾限隔人，人自限隔宇宙"这句话告诉我们，宇宙之间天地万物，人在其一，人本来与宇宙处于一体的关系之中，只是人自身的认识和作为将自己与大自然对立起来。

12.天以阴阳五行化生万物，气以成形，而理亦赋①焉，犹命令②也。（《四书章句集注》）

【注】①赋：赋予。②命令：（被赋予的）使命。

【译】天以阴阳五行之气而化生万物，"气"构成万物的形质，"理"同时也就被赋予其中，好像给予事物的命令一样。

【解】《中庸》原是《礼记》中的一篇，作者为孔子的孙子子思（前483年—前402年）。《中庸》首句"天命之谓性"，南宋理学家朱熹在《四书章句集注》一书中对其进行注解道："命，犹令也。性，即理也。天以阴阳五行化生万物，气以成形，而理亦赋焉，犹命令也。于是人物之生，因各得其所赋之理，以为健顺五常之德，所谓性也。"认为天在创化万物的过程中，一方面以"阴阳五行之气"聚合成万物之形，另一方面，将"理"赋予万物，这样一来，万物与人一样都具有天赋予的共同之"理"，这即是人、物共同的"天命之性"。朱熹对于"天命之谓性"的解释，认为人、物从天那里禀受同样的性理，肯定了万物之间的统一性与平等性。另外，他认为"性即理"乃是人之所以为善的依据和基础，肯定了人、物存在与发展的自身的内在价值。《周易·乾卦·象传》言，"乾道变化，各正性命"，天地的演化不过是自然万物依照其自身的本性和本来秩序来实现和发展自身的过程。朱熹的思想与《周易》的相关思想是一致的，均肯定了人、物的生存具有其内在法则与价值。

13.山河大地初生时，须尚软①在。（《朱子语类》卷一）

【注】①软：（像液体一样）柔软。

【译】山河大地才形成的时候，应该是（像液体一样）柔软的。

【解】朱熹（1130年—1200年），南宋著名哲学家、教育家，理学集大成者，世称"朱子"。《朱子语类》是朱熹与其弟子问答的语录汇编，由南宋黎靖德所编，内容涉及哲学、历史、政治、文学以及个人治学等多个领域。此书编排次第，首论理气、性理、鬼神等世界本原问题，以太极、理为天地之始；次释心性情意、仁义礼智等伦理道德及人物性命之原；再论知行、力行、读书、为学之方等认识方法。

此句出自《朱子语类》卷一："山河大地初生时，须尚软在。气质。"而紧接其下的一条，则可看作是对这条内容的具体展开。"'天地始初混沌未分时，想只有水火二者。水之滓脚便成地。今登高而望，群山皆为波浪之状，便是水泛如此。只不知因甚么时凝了。初间极软，后来方凝得硬。'问：'想得如潮水涌起沙相似？'曰：'然。水之极浊便成地，火之极清便成风霆雷电日星之属。'"这表达的是朱熹关于宇宙生成的一种认识，虽然依据现代自然科学的认识来说，并不科学，但它体现了朱熹探索自然、认识自然的一种科学认知努力。朱熹对自然科学充满了兴趣，对宇宙万物都表现出强烈的好奇心和探索欲。他的学生黄榦说朱熹"至若天文、地志、律历、兵机，亦皆洞究渊微"。著名古文献学家、科技史学家胡道静先生曾说"朱熹是历史上一位有相当成就的自然科学家"。朱熹的理学强调"格物致知"，这个"知"就包含了哲学解释与科学认知。

14. 天地初间，只是阴阳之气①。（《朱子语类》卷一）

【注】①气：元气。

【译】天地开始的时候只有一阴一阳之"气"。

【解】这句话出自《朱子语类》卷一："天地初间，只是阴阳之气，这一个气运行，磨来磨去，磨得急了，便拶许多渣滓，里面无出处，便结成个地在中央。气之清者便为天、为日月、为星辰，只在外常周环运转。地便只在中央不动，不是在下。"这是朱熹对宇宙起源的表述。他以"气"为本原提出了具有一定动力学机制的天地生成说，属于朴素唯物主义范畴。中国古代朴素唯物主义自然观把"天""地"作为一种自然现象或者说是自然"气力"，不是西方意义的"神"。天地万物均由"气"所生成，人也是秉天地之气而生。"气"的运行不但化生万物，而且也沟通了万物之间的联系和作用。世界本源一气，气之动静而为阴阳，阴阳和而化生五行，这是中国古人对自然界如何形成的认识。

15. 天下之物，至微至细者，亦皆有心①，只是有无知觉处尔。（《朱子语类》卷四）

【注】①心：心性。

【译】天地之间最微弱细小的物类，也都有它自己的心灵，（与动物相比较）只是有没有知觉的程度之别。

【解】这句话见于《朱子语类》卷四："一草一木，皆天地和平之气。天下之物，至微至细者，亦皆有心，只是有无知觉处尔。且如一草一木，向阳处便生，向阴处便憔悴，他个有好恶在里。至大而天地，生出许多万物，运转流通，不停一息，四时昼夜，恰似有个物事积踏恁地去。"朱熹认为，植物也有心，只是其心尚不能如动物那般具有知觉。此心便是人、物所禀赋之天地的生物之心，是植物自有的一种"生意"。朱熹认为，宇宙是一个生命体，这个生命体在其生生不息的运动过程中必定有一个"本源"来决定这个生命体的生存性质与成长方向，这个"本源"就是"天地之心"。这个"心"及其所代表的"生意"在所有生物之中均普遍地存在，所以万物在"生"的方面是普遍平等的，我们应该平等地去尊重、保护一切生物的"生意"。朱熹的生态伦理思想吸收和融合了庄子的思想精华，他主张人要尊重、仁爱、保护自然万物的一切生命，由人类传统的伦理道德向生态环境伦理道德扩展，进一步丰富和发展了中国传统生态思想，具有深刻的合理性。

16.天地生人物，须是和气方生。（《朱子语类》卷五十三）

【译】天、地孕育人与万物，须是从和气中才能产生。

【解】《朱子语类》卷五十三云："'人皆有不忍人之心'。人皆自和气中生。天地生人物，须是和气方生。要生这人，便是气和，然后能生。人自和气中生，所以有不忍人之心。'天地以生物为心'。天包着地，别无所作为，只是生物而已。亘古亘今，生生不穷。人物则得此生物之心以为心，所以个个肖他，本不须说以生物为心。缘做个语句难做，著个以生物为心。"朱熹认为，人与天地万物同生共长，这种生长需要在"和"的气运中。这种观点是在强调人与自然的平等、和谐关系的同时，肯定人的主体地位，将人作为促进并达成这种和谐的主导力量。这对于解决当前面临的环境问题、促进人与自然和谐共生，提供了具有中国特色的理论支持。

17.天地中间，上是天，下是地，中间有许多日月星辰、山川草木、人物禽兽，此皆形而下之器①也。（《朱子语类》卷六十二）

【注】①形而下之器：有形的器具、用具。

【译】天地中间，上是天，下是地，中间有许多日月星辰、山川草木、人物禽兽，都是有形的物质。

【解】这句话出自《朱子语类》卷六十二："天地中间，上是天，下是地，中间有许多日月星辰、山川草木、人物禽兽，此皆形而下之器也。然而这形而下之器之中，便各自有个道理，此便是形而上之道。所谓格物，便是要就这形而下之器，穷得那形而上之道理而已。"这体现了朱熹"即物穷理"的哲学观点。朱熹认为天地、日月星辰、山川草木、人物禽兽都是看得见摸得着的有形之物，自然万物都应遵循各自生长、发展规律的无形之"大道"，我们应该根据具体的事物去穷究其背后的普遍之道理。

18.有气有形便有数①。物有衰旺，推其始，终便可知也。（《朱子语类》卷六十五）

【注】①数：规律，必然性。

【译】有（天地）原始的生命力量，有（万物）具体的形态容貌，便会有它们属于自己的规律和宿命。天地万物的衰败和兴旺，看这些便可以知晓了。

【解】《朱子语类》卷六十五曰："有气有形便有数。物有衰旺，推其始终，便可知也。有人指一树问邵先生，先生云：'推未得。'少顷一叶堕，便由此推起。盖其旺衰已见，方可推其始终。推，亦只是即今年月日时以起数也。"这句话的意思近于"有物有则"。在《朱子语类》中，朱熹对霜、雪、露、雷、虹、潮等的形成，对地表升降变化等，都做了接近甚至合乎自然规律的解释。朱熹认为，自然界万事万物皆有它的规律，比如春天万物生发，夏天炎热，秋天收获，冬天严寒，自然之物从生到死，从死到生的变化过程都有规律。因此，只有明白世间万事万物的基本规律，遵循基本规律，才能做到可持续发展。

19.一身之中，凡所思虑运动，无非是天。一身在天里行，如鱼在水里，满肚里都是水。（《朱子语类》卷九十）

【译】人之一身，凡所有思虑运动，无不是天之化育流行的表现。人在天地之中行动，如同鱼在水中，满肚子里都是水。

【解】《朱子语类》卷九十云："一身之中，凡所思虑运动，无非是天。一身在天里行，如鱼在水里，满肚里都是水。"在这里，朱熹描绘出了人与自然和谐相处的美妙意境：人与自然就如同鱼儿与水，人在天地宇宙万物中知足、自在地活跃，与天地万物相合、相融，这是一种万物一体的人生境界。

20.然则曷①谓地之美者？土色之光润，草木之茂盛，乃其验②也。（《近思录·治法》）

【注】①曷：什么。②验：凭据。

【译】怎么去验证这块地是好的？他说只要它的土色光润，上面植被好，也就是草木长得很茂密，这样表示这个地方好。

【解】《近思录》是依朱熹、吕祖谦等人的理学思想体系编排的一部著作，从宇宙生成的世界本体到孔颜乐处的圣人气象，循着格物穷理，存养而意诚，正心而迁善，修身而复礼，齐家而正伦理，以至治国平天下及古圣王的礼法制度，然后批异端而明圣贤道统。《近思录》一书，在理学史上具有重要地位，为确立儒家道统，传播理学思想起过重要作用。

这句话是"风水学"中的一句名言。"风水"本为相地之术，即临场校察地理的方法，也叫地相，古称堪舆术，主要研究人类赖以生存发展的物质（空气、磁场、水和土）和环境（天、地、黄道面倾斜角度）与社会生活之间的关系。我国的"风水"讲究的就是人与自然的和谐共生，注重对人类所居住的生态环境的评估和改造，对当今生态化的人居环境营造具有一定的参考价值。

【道家】

21.无，名天地之始；有，名万物之母。（《老子》第一章）

【译】"无"是天地的本始，"有"是万物的根源。

【解】《老子》是道家经典之一，数千年来对于中国历代政治、文化、经济、社会等诸多方面起着重要的作用。《老子》第一章开篇曰："道可道，非常道。名可名，非常名。无，名天地之始；有，名万物之母。故常无，欲以观其妙；常有，欲以观其徼。此两者，同出而异名，同谓之玄。玄之又玄，众妙之门。"老子认为，天地万物都是"道"所产生，"无，名天地之始；有，名万物之母"。道，既是"有"，又是"无"，是"有"与"无"的统一。又在四十章上说："天下万物生于有，有生于无。"有无之间相互转化，万物产生于看得见的有形质，有形质又产生于不可见的无形质。"有""无"在老子看来并不矛盾，是如阴阳、静动一般，任何事物在变化过程中都是从无到有，再从有到无的，它们既相互对立统一又能相互依存转化。有、无同出于"道"，有与无兼有宇宙论和本体论的意义。其实，自然万物都是这样，季节有春夏秋冬的交替，人会生老病死。可见，自然界的万事万物看似对立，而又相连续，是不断发展、变化和流动的。

22.希言①**自然。（《老子》第二十三章）**

【注】①希言：少说话。

【译】一切顺其自然无需多言。

【解】这句话出自《老子》第二十三章："希言自然。飘风不终朝，骤雨不终日，孰为此者？天地。天地尚不能久，而况于人乎？""希言"除了字面解释的少说话以外，还有深一层的意思就是：少发教令，即统治者应行"自然无为"之治。否则，就如同狂风骤雨一般，是不可能持久的。在现代社会，人们已经充分意识到"人与自然和谐共生"的重要性和必要性，但在实践中，一些城市管理者们为了提升市容市貌而做出很多违背自然规律、超越生态承载能力和环境容量建设的"伪生态文明建设"。习近平总书记敏锐地观察到了这种现象。2013年12月12日，他在中央城镇化工作会议上指出："为什么这么多城市缺水？一个重要原因是水泥地太多，把能够涵养水源的林地、草地、湖泊、湿地给占用了，切断了自然的水循环，雨水来了，只能当作污水排走，地下水越抽越少。解决城市缺水问题，必须顺应自然。比如，在提升城市排水系统时要优先考虑把有限的雨水留下来，优先考虑更多利用自然力量排水，建设自然积存、自然渗透、自然净化的'海绵城市'。"可见，治理环境亦应遵循"自然无为"的原则。

23.人法地，地法天，天法道，道法自然①**。（《老子》第二十五章）**

【注】①道法自然："道"纯任自然，自己如此。

【译】人在大地上生存，遵守大地万物生长作息的规则；大地承天，万物的生长繁衍和迁徙是依据自然气候的变化而进行的；自然气候、天象变化遵从宇宙间的"大道"运行；而宇宙间的"大道"，则是世间万物本来的样子。

【解】《老子》第二十五章曰："有物混成，先天地生，寂兮寥兮，独立而不改，周行而不殆，可以为天地母。吾不知其名，字之曰道，强为之名曰大。大曰逝，逝曰远。远曰反。故道大，天大，地大，王亦大。域中有四大，而王居其一焉。人法地，地法天，天法道，道法自然。"宇宙间有道、天、地、人四大，而人类居于其中之一。"人法地，地法天，天法道，道法自然。""道"是《老子》哲学体系的起点，"道"作为天地万物的本原和基础，不是天地万物，而是内在于天地万物之中，成为制约天地万物盛衰消长的规律。"道法自然"揭示了老子对整个宇宙的理解，老子将"道"作为无法言喻的宇宙本体和万物生长、演化的法则，昭示人类应遵循"自然而然"的"道"的规律，尊重天地自然、尊重一切生命，按照天地万物本来的状态生存从而达致对自己生命的把握和超越。

24.道生一，一生二，二生三，三生万物。（《老子》第四十二章）

【译】道是独一无二的，道本身包含阴阳二气，阴阳二气相交而形成一种适匀的状态，万物在这种状态中产生。

【解】这句话是老子的宇宙生成论。原文曰："道生一，一生二，二生三，三生万物。万物负阴而抱阳，冲气以为和。人之所恶，惟孤寡不穀，而王公以为称。故物或损之而益，或益之而损。人之所教，亦我而教人。强梁者，不得其死，吾将以为教父。"老子认为，"道"是宇宙的本原和实质，也是生态法则和自然规律的根本。《淮南子·天文训》解释："道曰规始于一，一而不生，故分而为阴阳，阴阳合和而万物生。故曰：一生二，二生三，三生万物。"按照《淮南子》的解释，"二"是"阴阳"，三是"阴阳合和"。在这里，老子说到"一""二""三"，乃是指"道"创生万物的过程，表示"道"生万物是一个从小到大、从简到繁、从少到多的一个过程。这是继第四十章之后，又一段关于"道"的基本原理的重要论述。

25.道生之，德畜之，物形之，势^①成之。是以万物莫不尊道而贵德。（《老子》第五十一章）

【注】①势：情势、环境。

【译】道生成了万物，德养育了万物，万物呈现出各种各样的形态，环境使万物生长起来。因此，万物没有不尊敬道而重视德的。

【解】《老子》第五十一章曰："道生之，德畜之，物形之，势成之。是以万物莫不尊道而贵德。道之尊，德之贵，夫莫之命而常自然。故道生之，德畜之；长之育之；亭之毒之；养之覆之。生而不有，为而不恃，长而不宰。是谓玄德。"老子在这一章里将"道"和"德"二者并列起来论述。老子认为，万物之所以能够生长和发展，就是因为其顺应了自然规律，也就是大道。而"德"的原始意思是"得"，后来引申指事物在发展过程中应具备的品质，它具体表现为人类的行为准则。如果人们的行为合乎道的大德，那么人类就能繁衍生息，否则就会自我毁灭。"是以万物莫不尊道而贵德。道之尊，德之贵，夫莫之命而常自然。"万物之所以敬畏道和德，并以道和德为尊贵，这并不是出于主宰者的刻意命令和安排，而是它们对自然界的客观规律的遵从和运用，是自然而然的事情。大道产生了万物却不据为己有，养育了万物却不自恃其功、不一味索取，让万物顺其自然地诞生，又自然而然地发展，并通过遵循自然规律而生生不息，这才是真正的大德。"道"之所以受到尊敬，"德"之所以受到重视，就在于它不加干涉而顺其自然。老子"尊道贵德"的思想，强调尊重自然世界的规律和自然事物的本性，以此成就事物的各自发展，是中国传统价值观的基本精神。

26.天地与我并生，而万物与我为一。（《庄子·齐物论》）

【译】天地与我同生，万物与我一体。

【解】庄子（约前369年—约前286年）是先秦时期道家学派的创始人之一。庄子继承了老子的思想，提出"天地与我并生，而万物与我为一"，将人和天看成一个有机统一的整体，认为万物与我并生于道，最终又统一于"道"。说明了人与天地、万物需要保持平等、和谐、共生、互为依托的关系。庄子的"齐物观"提倡"生态平等"，进一步丰富了"天人合一""万物一体"的观念。习近平总书记在2018年5月18日全国生态环境保护大会讲话中引用了"天地与我并生，而万物与我为一"此句，他强调："当人类合理利用、友好保护自然时，自然的回报常常是慷慨的；当人类无序开发、粗暴掠夺自然时，自然的惩罚必然是无情的。人类对大自然的伤害最终会伤及人类自身，这是无法抗拒的规律。"

27.以天地为大炉，以造化①为大冶②。（《庄子·大宗师》）

【注】①造化：指大自然、造物主。②冶：铁匠。

【译】把天和地看作大熔炉，把大自然当成大铁匠。

【解】这句话原文是："子来曰：'……阴阳于人，不翅于父母……今一以天地为大炉，以造化为大冶，恶乎往而不可哉！'"道家主张返璞归真、回归自然，追求天、地、人和谐共生的崇高境界。庄子甚至提出要回归到"同与禽兽居，族与万物并"的"至德之世"。这反映了道家尊重万物、顺应自然、天人一体的价值追求，展示了天、地、人和谐共生共荣的美好图景。

新冠肺炎疫情再次警示我们，人与自然共生共荣，人必须学会与自然友好相处。人只有顺应自然、爱护万物，与天地万物融为一体，才能更好地生存、生产和生活。当人类充分尊重自然，因时顺应自然规律，合理利用自然时，自然的回报通常是慷慨的；当人类试图凌驾、无序开发、粗暴掠夺自然时，自然的报复必然是残酷的。

28.天地虽大，其化均也；万物虽多，其治^①一也。（《庄子·天地》）

【注】①治：条理。

【译】天和地虽然很大，它们运化万物却是均衡的；万物虽然纷杂，它们的条理却是一致的。

【解】此句是《天地》的开篇，写的是宇宙万物的演化是自然形成，君王、凡夫皆应顺应自然规律而行事。庄子认为，天地确实很大，承载的事物千差万别，但在要求保持自己的自然本性这个方面，却是完全一致的；万物种类繁多，每一类的发展都有其特定的方向，但在希求维护内部和谐稳定这一点上，却是全都一样的。人、物同样来自天地之化，同样追求实现自然的天性，因此人类应当保持内心深处的自然天性，同时尊重自然事物的本性，不要功利地对待大自然，而要努力实现人与自然的和谐共生。

29.天道^①运而无所积^②，故万物成。（《庄子·天道》）

【注】①天道：自然规律。②积：滞。

【译】自然规律的运行是不停顿的，所以万物得以生成。

【解】这句话出自《庄子·外篇·天道》首句。《天道》篇以阐述自然之义为主。"天道"即自然规律。庄子认为，天道运行没有中辍止息之时，自然界中万物因之而得以自动自为自成。所谓"天德而出宁，日月照而四时行，若昼夜之有经，云行而雨施矣"！天成而地宁，日月光照而四季运行，好像昼夜有常、云行雨降一样，皆为自然之事。"夫天地者，古之所大也，而黄帝、尧、舜之所共美也。故古之王天下者，奚为哉？天地而已矣！"天地是自古以来最大的，为黄帝尧舜所共同称赞。所以，古来治理天下，只需顺着天地自然法则就行了。在这里，庄子阐述了他对人与自然关系的认知，对后世有很大影响。

30.号物之数谓之万，人处一焉。（《庄子·秋水》）

【译】物类名称的数目以万计，而人类只是万物中的一种。

【解】这句话出自《庄子·外篇·秋水》："号物之数谓之万，人处一焉；人卒九州，谷食之所生，舟车之所通，人处一焉。此其比万物也，不似豪末之在于马体乎？"《秋水》是《庄子·外篇》里面很重要的一篇，其主题思想为讨论价值判断的无穷相对性。"秋水"即秋天的雨水。面对日益严峻的环境形势，人类应当怎样认识自己于天地、自然之中的地位？依据庄子的智慧，人类需要意识到自己只是宇宙间渺小的一小部分，要走出人类中心主义的价值向度，将大自然的万事万物视为平等的伙伴关系，将"崇拜自然"转变为"尊重自然"，将"征服自然"转变为"顺应自然"，将"改造自然"转变为"保护自然"，树立起人与自然和平共处的生态意识。马克思说，"自然界，就它本身不是人的身体而言，是人的无机的身体。人靠自然界生活。这就是说，自然界是人为了不致死亡而必须与之处于持续不断的交互作用过程的、人的身体。所谓人的肉体生活和精神生活同自然界相联系，不外是说自然界同自身相联系，因为人是自然界的一部分"，也是此意。

31.天地者，万物之父母也，合则成体，散则成始。（《庄子·达生》）

【译】天地是产生万物的根源，天地阴阳二气相合便形成物体，离散便复归于无物之初。

【解】《庄子·外篇·达生》曰："达生之情者，不务生之所无以为；达命之情者，不务知之所无奈何。……天地者，万物之父母也，合则成体，散则成始。形精不亏，是谓能移。精而又精，反以相天。"在这里，"达"指通晓、通达，"生"指生存、生命，"达生"就是通达生命的意思。怎样才能"达生"呢？此处明确提出人、物根源于天地又归本于天地。庄子特别强调万物的统一性以及人与天地万物平等的关系，对于当前我国所倡导的加强生态文明建设、树立生态文明观念有着十分重要的意义。

32.万物皆种^①也，以不同形相禅，始卒^②若环，莫得其伦，是谓天均^③。（《庄子·寓言》）

【注】①皆种：皆有种类。②始卒：即始终。③天均：自然均调。

【译】万物起源一致，用不同的形态，进行生灭循环，我不知道其中的端倪，这就是自然的均平。

【解】所谓寓言，就是寄寓的言论。庄子阐述道理和主张，常假托于故事人物。此句出自《寓言》第一部分："物固有所然，物固有所可，无物不然，无物不可。非卮言日出，和以天倪，孰得其久！万物皆种也，以不同形相禅，始卒若环，莫得其伦，是谓天均。天均者天倪也。"提出了"万物皆种""始卒若环"等哲学命题，指出万物虽然林林总总，存在着千差万别，在不同的形式之间递嬗变化，但从根本上说是齐一的、均平的，因此人类应该尊重赖以生存的自然界，保持人与自然万物之间的和谐共生。正如2020年9月30日习近平总书记在联合国生物多样性峰会上的讲话中强调："生物多样性关系人类福祉，是人类赖以生存和发展的重要基础。工业文明创造了巨大物质财富，但也带来了生物多样性丧失和环境破坏的生态危机。生态兴则文明兴。我们要站在对人类文明负责的高度，尊重自然、顺应自然、保护自然，探索人与自然和谐共生之路，促进经济发展与生态保护协调统一，共建繁荣、清洁、美丽的世界。"

【佛家】

33.一切众生，悉有佛性。（《大般涅槃经》卷一）

【译】所有一切生命，都有成佛的因性种子。

【解】《大般涅槃经》原是印度佛教经典，在印度本土似乎不太流传，传入中国之后，其影响却很大。逐渐地，《大般涅槃经》所主张的"一切众生，悉有佛性"便成为中国佛教的重要观点。

《大般涅槃经》曰："一切众生，悉有佛性，如来常住无有变易。"认为一切众生皆有先天的成佛的可能性，肯定了每种众生的内在价值及其之间的平等性。由此出发，佛教提倡尊重生命、尊重自然。佛教是一个重视自然生态的宗教，对大自然非常尊重与爱护，认为自然界的花草树木、虫鱼鸟兽、山河大地、日月风雷都是法性的化身，都是修行者悟道的机缘。

34.一切众生，一切草木，有情无情，悉皆蒙润，百川众流，却入大海，合为一体。（《六祖坛经》）

【译】一切有情的生命，所有无情的草木，都会受到天雨的滋润。山河百川最终都会融入大海为一体。

【解】《六祖坛经》，全称《六祖大师法宝坛经》，是中国佛教禅宗祖师惠能（638年—713年）所说、弟子法海等集录的一部经典。《六祖坛经》的中心思想是"见性成佛""即心即佛"的佛性论、"顿悟见性"的修行观。所谓"唯传见性法，出世破邪宗"，正是此意。《六祖坛经·般若品第二》曰："譬如雨水，不从天有，元是龙能兴致，令一切众生，一切草木，有情无情，悉皆蒙润，百川众流，却入大海，合为一体。众生本性般若之智，亦复如是。"性，指众生本具之成佛可能性。佛教把生命分为两类，即有情众生与无情众生。人与动物等属于有情众生，植物乃至宇宙山河大地属于无情众生，但佛教并不因为花草树木、山川河流的"无情"，而轻视它们甚至滥用和浪费它们，而是主张"有情无情，悉皆蒙润"，体现了一种普遍爱护一切众生的生态意识。

【杂家】

35.松柏之下，其草不殖①。（《左传·襄公二十九年》）

【注】①殖：繁殖，生长。

【译】在松柏大树的下面，草是不能茂盛生长的。

【解】这句话出自《左传·襄公二十九年》："楚郏敖即位，王子围为令尹。郑行人子羽曰：'是谓不宜，必代之昌。松柏之下，其草不殖。'"《左传》相传是春秋末期的史官左丘明所著，原名为《左氏春秋》，汉代改称《春秋左氏传》，简称《左传》，是中国古代一部叙事完备的编年体史书，代表了先秦史学的最高成就，是研究先秦历史的重要文献，对后世的史学产生了很大影响，特别是对确立编年体史书的地位起了很大作用。其中的一些论述，比较典型地体现了中国古代朴素的生态思想。

"松柏之下，其草不殖"是有科学依据的。专家认为造成这种自然现象有两种可能：一是松柏高大，遮挡了阳光，光照不足导致草种无法发芽；二是过厚的松针落叶导致土壤常年潮湿，小草根系会滋生细菌无法生长，而松柏根脉发达不受影响。可见，中国古人对自然界的观察和认识，时至今日仍具有重要意义。

36.四时之气，各有所在。（《黄帝内经·灵枢·四时气》）

【译】一年四季的气象，都有各自不同的变化。

【解】《黄帝内经》又称《内经》，是中国现存最早的中医经典之一，也是中国传统医学四大经典之首，相传为黄帝所作，因以为名。但后世较为公认此书最终成型于西汉，作者亦非一人，而是由中国历代黄老医家传承增补发展创作而来，是一部融汇了医学、哲学、天文学、历算学、地理学、生物学、人类学、心理学等多学科内容的综合性著作。其实，《内经》还是一部充满生态智慧的生态学著作。它将生态观念贯穿在中医藏象、经络、诊断、治疗、药物等各个方面，用以阐明人体结构、生理功能、病理变化等，认为养生的根本原则就是要保持人体生理过程与自然运动变化之间的协调，维护人体小系统与宇宙大系统之间的生态和谐，以实现形神统一、阴阳平衡、延年益寿之目的。《素问·宝命全形论》说："人以天地之气生，四时之法成。"因此，古人认为，人类与自然界存在着天人感应的关系，人类的生命活动应当顺应四时阴阳的运行节奏，保持阴阳平衡。

37.必有以知天地之恒制^①，乃可以有天地之成利。（《国语·越语下》）

【注】①恒制：长久不变的准则。

【译】一定要掌握天地之常道规律，才可以拥有天地给予的利益。

【解】这句话是春秋末期越国著名的政治家、军事家范蠡的经典名句，原文曰："天时不作，弗为人客。人事不起，弗为之始。……必有以知天地之恒制，乃可以有天地之成利。……因阴阳之恒，顺天地之常。柔而不屈，强而不刚。……天因人，圣人因天。人自生之，天地形之，圣人因而成之。"在这里，范蠡认为，"天道""人道"是相因相生的，也就是人与自然要达到和谐共生、可持续发展。如果说中国古人最开始由于对自然现象缺乏科学认识，在大自然面前显得弱小无比，导致慑服于自然界，将自然现象神秘化，那么范蠡的天人关系观可以说是总结和发展了春秋时期朴素自然观的唯物论观点，对自然界的客观规律性以及人的主观能动性有了比较平衡、完整和深刻的认识。

38.天地合和，生之大经①也。（《吕氏春秋·有始》）

【注】①大经：大道，途径。

【译】天地阴阳交合，是一切生命生成的根本。

【解】《吕氏春秋》诞生于战国末期，也称《吕览》，由秦相国吕不韦（？—前235年）组织门客编撰而成。该书以儒家学说为主干，以道家理论为基础，以名家、法家、墨家、农家、兵家、阴阳家思想学说为素材，熔诸子百家学说于一炉，包含了先秦时期哲学、政治、天文、地理、农学、物理、医学等诸多方面的文化资源，蕴含丰富的朴素唯物主义及自然辩证思想，是一部古代类百科全书式的传世巨著。

这句话出自《吕氏春秋·有始》："天地有始，天微以成，地塞以形，天地合和，生之大经也。以寒暑日月昼夜知之，以殊形殊能异宜说之。夫物合而成，离而生。知合知成，知离知生，则天地平矣。平也者，皆当察其情，处其形。""天地和合""天地平"是《吕氏春秋》最基本的自然观，强调认识人与自然万物之间的有序关系，考察具体事物的情实与属性。可见，了解自然规律、顺应自然法则，使万事万物与外部自然环境和谐共生，是当时人们朴素的自然观和生态观。

39.天地不能两①，而况于人类乎？人之与天地也同，万物之形虽异，其情一体也。故古之治身与天下者，必法天地也。（《吕氏春秋·情欲》）

【注】①两：这里是两全的意思。

【译】天地之事尚不能两全，更何况人呢？人与天地在此是相同的，万物虽然形体各异，但它们的性情是一致的。所以，古代修身与治理天下之人，必定要效法天地。

【解】这句话出自《吕氏春秋·情欲》："秋早寒则冬必暖矣，春多雨则夏必旱矣，天地不能两，而况于人类乎？人之与天地也同，万物之形虽异，其情一体也。故古之治身与天下者，必法天地也。""人与天地也同"强调人与自然是统一的关系，因此无论是个人的修身或是社会国家的治理上，人都应当效法天道。

在战国时期，各诸侯国之间相互争夺土地、积累财富、发展国力，连番战火和过度开垦破坏了森林和草地，自然资源逐渐减少，人们开始认识到人类的社会活动必须与自然的平衡发展相适应，于是通过对自然界万物生长规律的观察、探索、研究，开始对生产活动有了明确的限制，并将合理利用、保护环境列为国家的重要政策。《吕氏春秋》并不是主张对自然环境不开发、不利用，而是主张按照自然界各种植物、动物的生长、繁殖规律来利用、开发它们，在利用的同时做好保护，建立人与自然全面和谐共生的关系，以达到更长期的生产目的。显然，这与今天的可持续发展观念是一致的。

【文学】

40.烨烨①震电②，不宁不令。百川沸腾，山冢③崒④崩。高岸为谷，深谷为陵。哀今之人，胡憯莫惩？（《诗经·小雅·十月之交》）

【注】①烨烨（yè yè）：闪电貌。②震电：雷电。③冢：山顶。④崒（cuì）："碎"的假借字，碎崩。

【译】雷电轰鸣又闪亮，天不安来地不宁。江河条条如沸腾，山峰座座尽坍崩。高岸竟然成深谷，深谷却又变高峰。可叹当世执政者，面对凶险不自警。

【解】《诗经》约成书于春秋中期，起初叫作《诗》，是中国古代最早的一部诗歌总集，收录大抵自周初至春秋中叶（前11世纪—前6世纪）的诗歌，共305篇。《诗经》中蕴含着人类最原始的生态哲学思想，从生态学角度对其进行研究，对于当今社会的持续健康发展具有深远意义。

《十月之交》是《诗经》中的一首，诗人不理解日食、月食、地震发生的原因，认为它们是上天对人类的警告，主张人类应该反思自己的行为而敬畏上天。中国古人关于天人感应的思想在今天看来并没有科学依据，但其所论人与天之间的互动与反馈却不可抹杀。人类必须明白，无论如何进化、怎样发展，人来自大自然，人类的一切创造都来于自然界，生态环境是人类生存和发展的根基，生态环境变化直接影响文明兴衰演替。正如习近平总书记指出："你善待环境，环境是友好的；你污染环境，环境总有一天会翻脸，会毫不留情地报复你。这是自然界的规律，不以人的意志为转移。"2019年9月，澳大利亚发生山火，持续将近半年，至少12亿只动物因此丧生，超过60万只狗头蝙蝠因生存家园被大火摧毁入侵澳大利亚的城市；2020年初东非暴发了几十年来最严重的沙漠蝗灾，数十亿蝗虫从埃塞俄比亚、索马里的繁殖地涌入东非多国；2020年新冠肺炎疫情暴发，至今仍在全球范围内肆虐……科学家警告人类，灾难的频发很可能是大自然的"报复"。

41.山川异域，风月同天。（《绣袈裟衣缘》）

【译】我们不在同一个地方，未享同一片山川。但当我们抬头时，看到的是同一轮明月。

【解】2020年春，新冠肺炎疫情肆虐全国，日本在向中国捐赠防疫物资上，附上了这句优美的词句——"山川异域，风月同天"。相传大约在一千三百年前，崇敬佛法的日本长屋王造了千件袈裟，布施给唐朝众僧。

袈裟上绣着四句偈语："山川异域，风月同天，寄诸佛子，共结来缘。"后来，鉴真和尚听闻此偈，很受触动，决定东渡日本，弘扬佛法。这件事记述在《唐大和上东征传》里："日本国长屋王崇敬佛法，造千袈裟，来施此国大德众僧，其袈裟缘上绣着四句曰：'山川异域，风月同天，寄诸佛子，共结来缘。'"日本长屋王往唐朝运袈裟是否真有其事，尚待考证，但此词句透露出的人与人之间、人与自然之间"真、善、美"和谐的观念仍打动今人。

42.天不言而四时行，地不语而百物生。（《上安州裴长史书》）

【译】天地不会说话，但不影响四季运行，也不妨碍百物生长。

【解】此句出自唐代诗人李白（701年—762年）的《上安州裴长史书》，比喻天地之间万事万物各有其自身的规律，它们各自按照其自身规律去发展。《论语·阳货》中"天何言哉？四时行焉，百物生焉"，亦为此意。2018年5月18日，习近平总书记出席全国生态环境保护大会并发表重要讲话，他引用"天不言而四时行，地不语而百物生"，并指出人与自然是生命共同体。生态环境没有替代品，用之不觉，失之难存。当人类合理利用、友好保护自然时，自然的回报常常是慷慨的；当人类无序开发、粗暴掠夺自然时，自然的惩罚必然是无情的。我们应该知道，保持、维护组成自然界的各个要素之间的平衡，是人类社会实现可持续发展的物质基础。

43.孟夏①之日，天地始交，万物并秀。（《遵生八笺》）

【注】①孟夏：指农历四月，为夏季第一个月，号为正阳之月。

【译】在初夏时节，天地之气相交，万物竞相勃发、茂密生长。

【解】《遵生八笺》为明代文学家高濂（1573年—1620年）的养生学专著。据说他年幼时曾患眼疾等病，经多方搜寻奇药秘方，始得康复，遂博览群书，记录在案，汇成此书。按照农历算法，四、五、六月是夏季，四月称"初夏"或"孟夏"。在初夏时节，天地之气相交，风暖昼长，阳光明媚，气温逐渐升高，雨水开始增多，天地宽厚万物，使其繁盛生长，大地郁郁葱葱，一片生机盎然。依照时令，人们起居宜早睡早起，不可生大气、出大汗。

【故事】

44.民湿寝则腰疾偏死①，鳅②然乎哉？木处则惴慄恂③惧，猿猴然乎哉？三者孰知正处？（《庄子·齐物论》）

【注】①偏死：半身不遂。②鳅（qiū）：同"鳅"，即泥鳅。③恂：眩。

【译】人睡在潮湿的地方，就会患腰痛或者半身不遂，泥鳅也会这样吗？人爬上高树就会惊惧不安，猿猴也会这样吗？这三种动物到底谁的生活习惯才合乎标准呢？

【解】《齐物论》是《庄子·内篇》其一，其主旨是肯定人与物的独特意义及其价值，体现了庄子的"万物平等观"。其中记载了这么一则对话，啮（niè）缺问王倪①："你知道各种事物相互之间总有共同的地方吗？"王倪说："我怎么知道呢！"啮缺又问："你知道你所不知道的东西吗？"王倪回答说："我怎么知道呢！"啮缺接着又问："那么各种事物便都无法知道了吗？"王倪回答："我怎么知道呢！即使这样，我还是试着来回答你的问题。你怎么知道我所说的知道不是不知道呢？你又怎么知道我所说的不知道不是知道呢？我还是先问一问你：人们睡在潮湿的地方就会腰部患病甚至造成半身不遂，泥鳅也会这样吗？人们住在高高的树

---

① 啮缺、王倪：传说中的古代贤人，实为庄子寓言故事中虚拟的人物。

上就会心惊胆战、惶恐不安，猿猴也会这样吗？人、泥鳅、猿猴三者究竟谁最懂得居处的标准呢？人以牲畜的肉为食物，麋鹿吃草芥，蜈蚣嗜吃小蛇，猫头鹰和乌鸦则爱吃老鼠，人、麋鹿、蜈蚣、猫头鹰和乌鸦这四类动物究竟谁才懂得真正的美味？猿猴把猵狙当作配偶，麋与鹿交配，泥鳅则与鱼交尾。毛嫱和丽姬，是人们称道的美人了，可是鱼儿见了她们深深潜入水底，鸟儿见了她们高高飞向天空，麋鹿见了她们撒开四蹄飞快地逃离。人、鱼、鸟和麋鹿四者究竟谁才懂得天下真正的美呢？以我来看，仁与义的端绪，是与非的途径，都纷杂错乱，我怎么能知晓它们之间的分别！"庄子通过这则寓言告诉我们，任何事物都处于矛盾对立之中，每个事物既是矛盾的此方，又是矛盾的彼方；从事物自身的角度来看自己是矛盾的此方，从事物对立面的角度来看自己则是矛盾的彼方。彼与此、是与非等概念的对立都是相对的，庄子以此否定了事物之间的差别以及关于事物价值分判的绝对性。庄子对事物相对性以及人类关于事物认识的相对性的强调，对于我们尊重万事万物的差异性和自觉自己价值和认识的有限性具有重要的意义。

45.日凿一窍，七日而浑沌死。（《庄子·应帝王》）

【解】此寓言出自《庄子·内篇·应帝王》："南海之帝为儵，北海之帝为忽，中央之帝为浑沌。儵与忽时相与遇于浑沌之地，浑沌待之甚善。儵与忽谋报浑沌之德，曰：'人皆有七窍以视听食息，此独无有，尝试凿之。'日凿一窍，七日而浑沌死。"其意思是，南海的帝王叫作"儵"，北海的帝王叫作"忽"，中央的帝王叫作"浑沌"。儵和忽常常一起在浑沌的居地相遇，浑沌对待他们非常友好，儵与忽商量着报答浑沌的恩情，说："人都有七窍，用来看（外界），听（声音），吃（食物），呼吸（空气），唯独浑沌没有七窍，（让我们）试着给他凿出七窍。"于是，儵和忽每天替浑沌开一窍，到了第七天，浑沌就死了。这个故事启示人们，要尊重自然规律，不能只从主观想象和主观意愿出发，把自己的价值观念强加于其他事物，破坏事物的自然本性。

46.助之长者，揠^①苗者也。（《孟子·公孙丑上》）

【注】①揠：拔。

【译】把苗拔起来，帮助其成长。

【解】该成语出自《孟子·公孙丑上》："宋人有闵其苗之不长而揠之者，芒芒然归，谓其人曰：'今日病矣！予助苗长矣！'其子趋而往视之，苗则槁矣。天下之不助苗长者寡矣。以为无益而舍之者，不耘苗者也；助之长者，揠苗者也。非徒无益，而又害之。""揠苗助长"是一个家喻户晓的寓言故事，告诉我们"欲速则不达"，要懂得尊重自然，不能轻视、违背自然规律。只有尊重自然规律，才能有效防止在开发利用自然上走弯路。

47.方^①春，少阳用事，未可大热，恐牛近行，用暑故喘，此时气失节，恐有所伤害也。（《汉书·魏相丙吉传》）

【注】①方：正值。

【译】眼下正值春耕时节，天气还不太热，如果牛没走几里路就喘气，恐怕天气反常，我怕因此影响了农业生产啊！

【解】《汉书》又称《前汉书》，"二十四史"之一，是中国第一部纪传体断代史。由东汉史学家班固（32年—92年）编撰，前后历时二十余年，后唐代颜师古为之释注。此故事出自《汉书·魏相丙吉传》："吉又尝出，逢清道群斗者死伤横道，吉过之不问，掾史独怪之。吉前行，逢人逐牛，牛喘吐舌，吉止驻，使骑吏问：'逐牛行几里矣？'掾史独谓丞相前后失问，或以讥吉。吉曰：'民斗相杀伤，长安令、京兆尹职所当禁备逐捕，岁竟，丞相课其殿最，奏行赏罚而已。宰相不亲小事，非所当于道路问也。方春少阳用事，未可大热，恐牛近行用暑故喘，此时气失节，恐有所伤害也。三公典调和阴阳，职当忧，是以问之。'掾史乃服，以吉知大体。"

中国古人对人、物的活动对于时令、气候的依赖关系有着细致入微的观察，重视生态环境对于人、事的影响，强调人与自然的和谐、合拍。习近平总书记多次强调，"绵延5000多年的中华文明孕育着丰富的生态文化"，必须宣扬"尊重自然、顺应自然、保护自然"理念。在参加第七十届联合国大会一般性辩论时，习近平总书记阐述了我国尊崇自然、绿色发展的生态理念，指出："我们要解决好工业文明带来的矛盾，以人与自然和谐相处为目标，实现世界的可持续发展和人的全面发展。"

价值篇

【共三十八条】

天人论是论述人与自然之间的事实关系，价值观则是讨论人与自然之间的价值关系，主要聚焦于中国古人对于自然的内在价值和外在价值的认识。所谓自然的内在价值，即是自然界自身的生存与发展，其价值不依赖于任何人的存在而存在；所谓自然的外在价值，则是指它作为工具和手段对于人或者他物的效用。就本书主题而言，这主要指生态系统和其要素对于人的需要与目的的关系，关系着人之为人的生存方式，即自然生态系统对于人的效用以及人的本质生存与生态的关系。人类中心主义认为，人类是衡量自然物的一切价值的尺度，一切以人的需要与利益为出发点来看待自然物的价值。反之，承认自然物的内在价值的各种看法则为非人类中心主义的观点。不同于人类中心主义，亦不同于非人类中心主义，中国古人主张"人与自然共生的价值观"。这种生态价值观深刻影响和决定了人作为主体同各种生态系统中的客体之间关系的处理方式与人追求自我实现的模式。具体而言，中国古人所认识到的生态价值可区分为生态的资源价值、生态的环境价值、生态的文化价值、生态的终极关怀价值和生态的系统功能价值等方面。

其一，生态的资源价值。在人与自然的关系中，人是主体，自然是人的实践对象。当自然物进入人的生产实践、生活实践和发展实践领域，作为生产资料和生活资料被改造时，自然物才具有了价值。这就是人们常说的生态环境的"资源价值"和"经济价值"。这种人与自然之间的实践关系所引发的后果，一方面，使人获得了生产资料和生活资料，满足了人的消费需要与欲望；另一方面，也使自然物在人的生产与消费中被彻底毁灭，失去了其本来的存在性质。因此，在这种关系中，人与生态之间是一种对立与互斥的关系。当人的经济社会活动超出自然资源的生成或者恢复的速度时，就会造成人与生态关系的失衡。在这里，荀子所提出的"欲必不穷于物，物必不屈于欲，两者相持而长"的要求应该成为人们从事经济社会活动遵循的一个基本原则。自然生态与人类的经济社会需求之间是辩证统一的关系。习近平总书记提出"我们既要绿水青山，也要金山银山。

宁要绿水青山，不要金山银山，而且绿水青山就是金山银山"的"两山论"，清晰而又生动地说明了这个辩证的道理。所谓"绿水青山就是金山银山"，揭示的是良好的生态对于人类的重要资源价值和经济价值。而其中生态是基础，当生态遭到破坏，其资源价值和经济价值也就不存在了。所以，当二者发生冲突时，"宁要绿水青山，不要金山银山"。但是，处理好二者的关系，我们就能最终实现"绿水青山就是金山银山"。

其二，生态的环境价值。在人与自然的关系中，自然不仅对人具有一种资源价值，而且具有一种环境价值。生态系统是人类的生活家园和发展背景，生态系统的稳定平衡是人类生存、生产和生活须臾不可离开的必要条件。生态系统中的物种及其个体，与人类一起处在一个更大的生命共同体中，理应不仅在作为手段的意义上而且在作为目的的意义上成为人类值得尊重与关爱的对象。要实现生态的环境价值，人类就不能无限制地开发、掠夺和毁灭生态系统，而是要在合理范围内加以改造、开发和利用，与生态系统和谐共生，以维护生态系统的自我修复能力。与西方强调生态的资源价值不同，中国古代更加注重生态的环境价值。无论是宋代哲学家张载所谓的"民胞物与"，还是明代思想家王阳明所谓的"万物一体"，申述的其实都是这个理念。"山水林田湖草是生命共同体"——习近平总书记的这一命题，是站在当代的高度对中国古人理念的新提炼和新发展，是对生态环境价值极为贴切的揭示和概括。

其三，生态的文化价值。在人与自然的关系中，存在着功利性的一面，也存在着超越功利性的一面。在人与自然之间的超功利关系中，自然生态尤其是名山大川不仅是人类发展的物质前提，也是人类活动的历史载体、伦理伙伴、情感寄托和审美对象，具有丰富的历史价值、伦理价值、情感价值和审美价值等文化价值。孔子的"仁者乐山，智者乐水"，以及现代生态观光成为旅游观光业的新增长点，都是以生态的文化价值尤其是审美价值为基础的。对于生态的文化价值的认识和追求，在党的十九大以来，凝聚和汇入当代中国人建设"美丽中国"的重大理论与实践，成为我们加强生态文明建设的总指导和建设社会主义现代化强国的新追求。

其四，生态的终极关怀价值。在人与自然的关系中，自然生态是人类生命诞生的摇篮与人类永恒的家园。缺乏其他物种的陪伴，人类的生活在世界中是孤独的和无聊的。作为个体的人的生命是有限的，而自然是近乎无限的，人类总是能够在宇宙自然中找到自己信仰的归宿。在某种意义上，生态系统可以取代各种超越的神灵，成为人类信仰的对象，从而具有一种终极关怀的价值。

其五，生态的系统功能价值。生态系统中的物种和生命个体，在生存竞争中不仅实现着自身生存利益，而且也创造着其他物种和生命个体的生存条件；任何一个物种及其个体的存在，对于地球整个生态系统的稳定和平衡都发挥着作用。因此，自然物之间以及自然物对整个生态系统具有一种系统功能，这也可以看作是一种广义的价值。

【儒家】

48.日月丽①**乎天，百谷草木丽乎土。（《周易·离卦》）**

【注】①丽：附着。

【译】日月依附于天而周行，百谷草木依附于地而生长。

【解】此句出自《周易·离卦》："《彖》曰：离，丽也。日月丽乎天，百谷草木丽乎土。"其意思是，日月依附于天而周行，百谷草木依附于地而生长。这是中国古人对于生态的系统功能价值的认识，尤其强调了土地对于植物、庄稼生长的不可或缺的基础价值。习近平总书记指出："国土是生态文明建设的空间载体。……要按照人口资源环境相均衡、经济社会生态效益相统一的原则，整体谋划国土空间开发……给自然留下更多修复空间。"

49.日月得天①**，而能久照。四时变化，而能久成。（《周易·恒卦》）**

【注】①得天：得天之道，即遵循天道。

【译】日月顺从天道而能永久照耀世界。四季循环变化而能长久生成万物。

【解】《周易·恒卦》曰："《彖》曰：恒，久也。……天地之道，恒久而不已也。'利有攸往'，终则有始也。日月得天，而能久照。四时变化，而能久成，圣人久于其道而天下化成。观其所恒，而天地、万物之情可见矣。"这句话是对生态的系统功能价值的表述，着重强调了循环不穷的时令对于万物生长的重要意义。在自然界，任何生物群落都不是孤立存在的，它们总是通过能量和物质的交换与其生存环境无法分割地相互连接、相互作用，共同形成统一的整体，这样的整体就是一个完整的"生态系统"。只有保持这个系统中每个要素之间的平衡，才能保障人类社会的可持续发展。中国古代生态智慧所追求的最高境界，就是人与自然的和谐共生，正如习近平总书记在《关于〈中共中央关于全面深化改革若干重大问题的决定〉的说明》中所强调的："人与自然和谐共生，人首先是自然的存在物，其次才是社会关系的存在物。我们要认识到，山水林田湖是一个生命共同体，人的命脉在田，田的命脉在水，水的命脉在山，山的命脉在土，土的命脉在树。……如果破坏了山、砍光了树，也就破坏了水，山就变成了秃山，水就变成了洪水，泥沙俱下，地就变成了没有养分的不毛之地，水土流失、沟壑纵横。"

50.山泽①通②气。（《周易·说卦》）

【注】①泽：湖泽。②通：流通。

【译】山和湖是一气相通的。

【解】《周易·说卦》："天地定位，山泽通气，雷风相薄，水火不相射，八卦相错。"南宋朱熹对《周易》的这句话，有一很好的解释，其言道："泽气生于山，为云，为雨，是山通泽之气；山之泉脉流于泽，为泉，为水，是泽通山之气。是两个之气相通。"山、泽之间存在着水文、气象与地质的循环，它们彼此相互沟通、相互依赖。由此则材料可见，中国古人对于生态系统中各要素之间的关系的认识，是十分深刻和到位的。

习近平总书记在党的十九大报告中强调："坚持节约资源和保护环境的基本国策，像对待生命一样对待生态环境，统筹山水林田湖草系统治理。"其中，关于"山"和"湖"对于生态系统的重要性，习近平总书记有过多次论述或重要批示。如陕西省秦岭北麓山区曾私建上千套别墅，山体被肆意破坏，生活污水随意排放，有的地方甚至把山坡人为削平，圈占林地，对生态环境破坏十分严重，老百姓意见很大。看到材料后，经习近平总书记批示，这些存在多年的违法建筑被一举拆除。2005年8月24日，时任中共浙江省委书记的习近平同志在《浙江日报》"之江新语"专栏发表的《绿水青山也是金山银山》一文中指出："我们追求人与自然的和谐，经济与社会的和谐，通俗地讲，就是既要绿水青山，又要金山银山。我省'七山一水两分田'，许多地方'绿水逶迤去，青山相向开'，拥有良好的生态优势。如果能够把这些生态环境优势转化为生态农业、生态工业、生态旅游等生态经济的优势，那么绿水青山也就变成了金山银山。绿水青山可带来金山银山，但金山银山却买不到绿水青山。绿水青山与金山银山既会产生矛盾，又可辩证统一。"2013年3月，在十二届全国人大一次会议期间，习近平总书记饶有兴致地回忆起2012年7月苏州之行，他说："'天堂'之美在于太湖美，不是有一首歌就叫《太湖美》吗？确实生态很重要，希望苏州为太湖增添更多美丽色彩。"

51.问国君之富，数^①地以对，山泽之所出。（《礼记·曲礼下》）

【注】①数：点数，计算。

【译】询问国君的财富，就列数国土上山林川泽之产出来回答。

【解】《礼记》是中国古代一部重要的典章制度选集，体现了先秦时期的礼制、政治、哲学、美学和教育等思想。其中，《曲礼》上下篇所记载的大多是关于周礼的一些微文小节。《礼记》的这个记载表明，周代贵族阶层普遍把山林川泽当做国家的重要资源，是周人对于生态环境经济价值的重要肯认。

良好的生态环境具有重要的资源价值和经济价值。所谓"绿水青山就是金山银山"，正是此意。毛泽东说得好："天上的空气，地上的森林，地下的宝藏，都是建设社会主义所需要的重要因素。"山水林田湖草既是自然财富，又是经济财富。绿水青山和金山银山绝不是对立的，关键在人，关键在思路。在一些生态环境良好又相对贫困的地区，要通过改革创新，把生态优势变成经济优势，把青山变金山，把绿水变富水，把空气变财气，把林地变宝地，让土地、劳动力、资产、自然风光等要素活起来，从而源源不断地带来金山银山，实现"两山"一起收，实现"青山郭外斜""仓廪俱丰实"的有机统一，实现经济发展和生态保护相统一。

52.致^①中和，天地位^②焉，万物育^③焉。（《礼记·中庸》）

【注】①致：获得，达到。②位：占据其应有的位置。③育：生长，化育。

【译】达致中和，则天地各得其位，万物俱得化育。

【解】这句话出自《中庸》。该文认为，人的喜怒哀乐未曾发显出来的状态叫作"中"，发显出来而都能符合节度叫作"和"。"中"是天下各种事物的根本；"和"是天下一切事情的通理。通过人的致中和，即保持人内心的中正平和，进而情感抒发皆能符合节度，就能使天地、万物各得其所、各遂其生，这具有人通过自身的行为努力而追求生态和谐的意涵。这个思想表明人与天地万物的和谐是儒家追求的终极价值，而人自身是实现人与天地万物和谐的关键。

人与自然和谐共生也是衡量生态文明建设成果和社会文明程度的重要尺度。中国式现代化是人与自然和谐共生的现代化，必须以生态文明建设为重要抓手，以人的自由而全面的发展统领经济社会发展和思想文化建设，把人的自由而全面的发展与实现人与自然和谐共生有机结合起来，做到发展为了实现人与人、人与社会、人与自然之间的和谐共生，发展依靠人与人、人与社会、人与自然之间的和谐共生。一句话，和谐共生不仅是推进生态文明建设的首要目的，也是实现经济社会发展的根本手段。

53.山林、川谷、丘陵，能出云，为^①风雨。（《礼记·祭法》）

【注】①为：创作、产生。

【译】山林川谷丘陵，能蒸蔚出云，能兴起风雨。

【解】《礼记·祭法》曰："山林、川谷、丘陵，能出云，为风雨，见怪物，皆曰神。有天下者，祭百神。"山林、川谷、丘陵能够对于云雨的产生发挥作用，即它们是形成气候、天气的重要因素。这是中国古人对于生态环境系统中不同部分之间的系统功能价值及其关系的独到认识。2013年4月2日习近平总书记在参加首都义务植树活动时指出："森林是陆地生态系统的主体和重要资源，是人类生存发展的重要生态保障。不可想象，没有森林，地球和人类会是什么样子。"

54.今夫山，一卷①石之多，及其广大，草木生之，禽兽居之，宝藏②兴焉。（《礼记·中庸》）

【注】①卷（quán）：犹区，古代齐国计量单位，相当于一斗六升。②宝藏：蕴藏在地下的各种资源。

【译】那山不过是由相当于一斗六升容量那么大的石块堆聚而成，等到其高大无比时，则草木茂盛生长，飞禽走兽栖居此此，蕴藏在地下的各种资源逐渐增多兴盛。

【解】这句话反映了中国古代先民对于生态系统中山地资源价值的认识。山地蕴藏着丰富的自然资源，以地形急剧起伏、气候变化明显、生态系统复杂、内外营力活跃、侵蚀作用强烈为基本特征。从环境价值来看，山地是生态系统的重要组成部分。人的命脉在田，田的命脉在水，水的命脉在山，山的命脉在土。如果山地受到破坏或者污染，也就破坏了水，而没有水，田则难以成型，而没有田，人就会失去食物来源。从资源价值来看，无论是连片山区还是单一山体，山地都能够提供动植物资源，还能够出产各种矿产资源，不同程度地表现出自然资源和生态结构的多样性，开发难度较大，必须因地制宜地加以保护、改造和利用。例如，祁连山有着纵横交错的黄河源流、一望无际的青色草场和品相优良的丰富矿产，被誉为"万宝山"。但是，近年来一些公司打着修复生态的旗号，对祁连山南麓腹地的矿区进行非法掠夺，致使水源涵养功能极大减弱、生态多样性急剧下降。

55.天子大蜡八^①。……岁十二月，合聚万物而索飨之也。（《礼记·郊特牲》）

【注】①大蜡八：蜡（zhà），祭祀之名称，于每年十二月举行，合祭众物之神。八：指所祭有八神，即先啬、司啬、农、邮表畷、猫虎、坊、水庸与昆虫八者。

【译】天子举行大蜡八的祭祀。……在每年的十二月，合聚万物之神而加以献飨。

【解】根据《礼记》的记载，天子的大蜡礼是合聚众物之神而祭之，其宗旨是酬答所有对于农事生产有过功劳的先人和今人、神灵、动物，甚至包括堤防和水渠之类的水利设施，几乎就是整个农业生态系统所关涉的所有因素与对象。这反映了中国古人对于生态系统之于农业生产重要价值的认识，既包括对于生态之系统功能价值的认识，也包括对于生态之经济价值的认识。其中，人是农业生态系统的重要成员，故而大蜡礼对于人类社会中过去和现在掌管农事、对于农事做出重要贡献的人物进行祭祀。动物在农业生产中亦有重要作用，如猫食田鼠、虎食野猪，都能保护庄稼。堤防和沟渠更是农业灌溉不可缺少的设施，是农业生态系统中的重要因素。农业生产的丰收离不开农业生态系统中诸多成员、要素的共同贡献，因此大蜡礼对它们聚而祭之。大蜡八祭祀是中国古人对生态环境表达感恩的最好方式。

加强生态文明建设，必须对生态环境和自然万物持有敬畏之心。与自然的历史相比，人类的历史是短暂的，个人的生命是渺小的。人类是大自然的一部分，并不是宇宙万物的主人，人类和赖以生存的自然只能是伙伴关系。不仅如此，生态环境和自然万物具有多方面价值，能够满足人类的多方面需要。因此，我们必须传承、弘扬中国古人敬畏生态环境和自然万物的传统，尊重自然规律，谨慎地开展人类活动，不能妄自尊大，不能凌驾于自然之上，不能为了满足个人欲望和局部利益而盲目地开发、改造、利用自然，更不能急功近利去搞破坏生态环境的"政绩工程""形象工程""面子工程"。

56.其犹土也，深抇①之而得甘泉焉，树之而五谷蕃②焉，草木殖焉，禽兽育焉，生则立焉，死则入焉。（《荀子·尧问》）

【注】①抇（hú）：掘。②蕃：繁殖，增长。

【译】那就像土地一样，深入土地挖掘就能得到甘美的泉水，在它上面种植五谷就茂盛地生长，草木在它上面繁殖，禽兽在它上面栖息，活着就立足土地上面，死了就埋入大地里面。

【解】《荀子》是战国时期儒学大师荀子及其弟子整理或者记录其人言行的著作。《荀子·尧问》："子贡问于孔子曰：'赐为人下而未知也。'孔子曰：'为人下者乎？其犹土也。深抇之而得甘泉焉，树之而五谷蕃焉；草木殖焉，禽兽育焉；生则立焉，死则入焉；多其功而不得。为人下者，其犹土也。'"这是孔子对于土地的美德、作用的描述和称扬。土、水繁衍植物，动物又于其中生长，人则生于大地且死归于大地，这代表了中国古人对于土地在生态系统中的基础地位，包括其对于人的生存的重要价值的认识。习近平总书记多次强调，粮食生产根本在耕地，必须牢牢守住耕地保护红线。2019年3月8日，他参加十三届全国人大二次会议河南代表团审议时强调："耕地是粮食生产的命根子。要强化地方政府主体责任，完善土地执法监管体制机制，坚决遏制土地违法行为，牢牢守住耕地保护红线。"经过长期发展，我国耕地开发利用强度过大，一些地方地力严重透支，水土流失、地下水严重超采、土壤退化、面源污染加重已成为制约农业可持续发展的突出矛盾。由此，要探索实行耕地轮作休耕制度试点，促进农业可持续发展。

57.川渊①**深而鱼鳖归之，山林茂而禽兽归之。（《荀子·致士》）**

【注】①渊：水潭。

【译】江河湖泊水体深厚鱼鳖就会繁殖其中，山里森林茂盛禽兽就会往聚栖息。

【解】《荀子·致士》："川渊深而鱼鳖归之，山林茂而禽兽归之……川渊者，龙鱼之居也；山林者，鸟兽之居也……川渊枯则龙鱼去之，山林险则鸟兽去之……无土则人不安居，无人则土不守。"荀子认为，川渊为龙鱼之居，山林为鸟兽之居，土地为人所安居，生态环境对于动物和人具有重要的生存环境价值。保护动物的生存环境，在今天愈益成为人类的紧迫问题，战国时代的荀子已见及此，足见其思想卓识。

58.故天之所覆，地之所载，莫不尽其美，致其用①**、上以饰贤良、下以养百姓而安乐之。（《荀子·王制》）**

【注】①尽其美，致其用：使物各尽其善，均得为人所用。

【译】天覆地载的一切，没有一样不是尽其善用，在上可以饰美贤良人的生活，在下可以养足百姓而使其安居乐业。

【解】这句话出自《荀子·王制》。荀子反对宿命论，提出"人定胜天"、万物均要遵循自然规律运行等朴素唯物主义观点。在理想政治中，荀子提出了对于自然万物的广泛利用要求，以"尽其美"为原则，"致其用"为目的。显然，这是一种尊重和保护生态系统前提下对于自然万物的利用。这代表了中国古人对于自然生态之资源价值的最为完善的认识和态度。

天地所覆载的自然万物，具有广泛的经济价值、环境价值和文化价值，人类都应善尽其用，以更好地为人类的物质生活、社会生活和精神生活服务。从经济价值来看，自然万物是人们从事生产活动所需要的劳动资料和所面对的劳动对象。没有劳动资料和劳动对象就不能进行生产，也就不可能形成现实的生产力；从环境价值来看，经济社会发展的目的是提高人们的生活质量，而良好的生态环境正是生活质量的重要组成部分。小康全面不全面，生态环境质量是关键。在天蓝、地绿、水清、气净的良好生态环境中，人才能"诗意地栖居在大地上"；从文化价值来看，良好的生态环境能够直接引发人们的美感，提升人们的精神境界。

59.木者春，生之性①，农之本也。（《春秋繁露·五行顺逆》）

【注】①生之性：万物出生的本性。

【译】春天配属木，其代表的性能为生育万物，是农业生产的根本。

【解】《春秋繁露》是西汉大儒董仲舒所著的政治哲学著作，阐述了以天人感应为核心的哲学与神学理论。古代中国，以农立国。在古人对于五行与四时的认识中，春天配属木，其代表的性能为生育万物，农业生产即以此为本。这也是中国古人对于时令之于农林业生产重要价值的认识。

"一年之计在于春"，春天是播种的季节，是希望的开始。农林业生产讲究时令节气，必须按照春耕、夏耘、秋收、冬藏的自然规律开展相应活动，不能耽误农林作物的耕种时节，否则，就会导致减产减收。近年来，由于城镇化、农民外出务工和种植成本增加等原因，一些地区不同程度地出现了农村土地抛荒情况。对此，有关部门必须多管齐下，通过政策补助、土地流转、规模生产、科学管理等有效措施，使乡村树木常绿、稻麦常在、果蔬常开。

60.恩及草木，则树木华美……恩及于火，则火顺人而甘露降……恩及于土，则五谷成，而嘉禾①兴……恩及于金石，则凉风出……恩及于水，则醴泉②出。（《春秋繁露·五行顺逆》）

【注】①嘉禾：生长苗壮的禾稻，古人以之为吉祥的征兆。②醴泉：甘泉。

【译】人的恩护及于草木，则草木生长美茂；……恩护及于火，则火顺从人的需求而甘露时降；……恩护及于土地，则五谷丰收而嘉禾出现；……恩护及于金石，则凉风兴起；……恩护及于水，则甘美泉水涌现。

【解】在中国人的宇宙图式中，四时配属五行，每一季节均有其主宰之五行属性，人的政治举措、作为亦应与之相应、配合。如此一来，则人与动物、植物，人与气候变化之间的关系和谐。人因其行为而相应地在相关动植物和生活环境上获得吉祥或者遭受灾异。汉人的这种天人感应思维方式虽然不脱神秘色彩，但亦可说具有明显的系统论特征。汉人把天地万物看成一个与人密切相关的生态系统中的共同成员，要求人注意自己的行为方式，对动植物及水火木金土等自然万物予以关怀，追求它们与人的和谐，实已把生态系统的成员、要素当做人类关怀的对象，注意到生态对于人类的伦理价值，具有强烈的生态伦理意识。

人与自然的关系是人类社会最基本的关系，人与自然是相互依存、相互联系、相互作用的整体。一方面，大自然是人类产生、社会发展的物质条件，人类可以在尊重自然规律的前提下合理地利用自然、开发自然；另一方面，人类对自然界不能只讲索取不讲投入、只讲利用不讲建设、只讲开发不讲修复。由此，我们必须以高度的生态文明自觉，把加快推进生态保护修复作为一项重点任务来抓好。坚持保护优先、自然恢复为主，深入实施山水林田湖草一体化生态修复、生态保护、生态建设。与此同时，必须牢固树立尊重、顺应、保护的观念，多借用一些自然力量，少一些对自然的干预；多一些耐心，少一份急躁，持之以恒，久久为功。

61.无伐名木，无斩山林。（《春秋繁露·求雨》）

【译】不得乱伐名贵的大树，不得砍断山中的林木。

【解】在《春秋繁露·求雨》中，董仲舒提出，不要去砍伐名贵的大树，因为它们有审美价值；不要去砍断山中的林木，因为它们有经济价值和环境价值。这隐含着"绿水青山也是金山银山"的朴素观念。

习近平总书记强调"我们追求人与自然的和谐，经济与社会的和谐，通俗地讲就是要'两座山'：既要金山银山，又要绿水青山"。换言之，生态文明建设不仅是发展的根本目的，也是发展的主要手段，发展可以看作是一个不断扩展人与人和谐、人与社会和谐、人与自然和谐的长期过程。"两山论"思想超越了工业文明发展观，破解了发展中人对物质利益的追求与人赖以生存的生态环境关系这一难题，形成了全新的发展理念，深刻影响着中国现代化发展的思路和方式。

62.一草一木皆天地和平之气。（《朱子语类》卷四）

【译】一草一木皆是天地平和之气所生。

【解】《朱子语类》是南宋理学集大成者——朱熹与其弟子问答的语录汇编，这句话出自《朱子语类》卷四。其意思是，草木都是禀赋天地平和之气而生，这就从本体论上肯定了草木存在的终极依据。据此引申开来，草木在天地之间自有其独立的价值，自身即可作为目的而存在，而不仅仅是人所利用的工具和攫取的对象。这是对于生态系统中要素、组成部分相对于人的独立价值的肯定。

任何生命都有自己的独立价值和生存权利。长期以来，由于遵循人类中心主义，人类视自己为自然界的主人，强调人的目的，认为自然万物应该无条件地服从和服务于人类。其实，人类只是自然万物的一部分，人与自然万物是平等关系，人不是万物的尺度，人与自然万物也不是主仆关系，更不是征服与被征服的关系。现阶段，人类只有超越狭隘的"人类中心主义"，在新的层次和新的水平上实现与自然万物的和谐相处，才能迈入新的文明发展道路。

63.天地生意，花草一般^①，何曾有善恶之分？（《王阳明全集》卷一）

【注】①一般：一样，同样。

【译】天地生意，在花和草之中都是一般无二的，又何曾有善与不善的区别？

【解】这句话出自《传习录》。《传习录》是儒学著作，由明代大儒王阳明（1472年—1529年）的门人弟子对其语录和书信进行整理编撰而成，其书名源于《论语》中"传不习乎"一语。在该书中，王阳明建构了一个系统而完整的"万物一体"学说，代表了"天人合一"思想在宋明时期最为成熟的表达。

人是价值主体，自然万物也是价值主体。自然万物并非仅仅具有满足人类生存和发展的工具价值，其本身就具有目的价值。生态系统中的所有成员均为天地所生，本无价值上的优劣区分，人以自己的需要而强分自然万物以善恶、高下、贵贱，但那只是就自然万物对于人的工具价值而言。我们不应只看到自然万物的这一工具价值上的差别，更应认识到在根源的意义上自然万物皆是平等的，都具有自己的目的价值。基于此，我们必须重新审视人与自然的关系，在反思中诠释自然万物的内在价值，唤起人们对生态环境和自然万物的敬重感。

64.盖天地万物与人原是一体。（《王阳明全集》卷三）

【译】天地万物与人本是联系为一体的。

【解】在《传习录》中，王阳明提出，人的良知就是天地万物、草木瓦石的良知。若无此良知，天地万物、草木瓦石不可以成其为天地万物、草木瓦石。因为，天地万物与人本为一体，天地在人心处发窍（获得自我意识与自我存在的依据），就是人的精神灵明（良知）。各种自然现象、动物、植物和无机物与人原为一体，五谷禽兽可以成为人的食物，药石可以治疗人的疾病，只是它们与人同为一气流通的产物，故能彼此相通。王阳明的这一认识，就是宋明理学中著名的"万物一体"思想。在本体论与宇宙论的基础上，他以"气"概念为基础，论述天地万物与人同体，因此人心即天地万物之心，在此意义之上可以讲人的良知即为天地万物的良知。无论是从"气"的概念，或是从良知的概念来讲，人与天地万物都是一体的，这意味着天地万物与人有着共同的存在根源与依据，万物与人处在一个大的共同体中。

人与自然是生命共同体，可谓"一损俱损，一荣俱荣"。加强生态文明建设，就是要把人与自然看作一个价值共同体、命运共同体和利益共同体，以人与自然和谐共生作为根本目标。也就是说，建设生态文明，既要重视人的主体地位，也要重视自然的内在价值；既要重视人类的利益，也要重视自然的利益；既要发挥人的主观能动性，又要尊重自然的客观规律性。为了达到这个目标，人对待自然万物要在尊重、顺应、保护的前提下，合理开发、合理利用、合理改造，适时调节人与自然之间的物质交换和能量交换，使人类社会与生态环境得到协调发展。

【道家】

65.万物作焉而不辞，生而不有，为而不恃，功成而弗居。（《老子》第二章）

【译】听任万物自然兴起而不加干预，生养万物而不据为己有，抚育万物但不自恃其能，功成业就而不自我夸耀。

【解】《老子》第二章曰："天下皆知美之为美，斯恶已，皆知善之为善，斯不善已。故有无相生，难易相成，长短相形，高下相倾，音声相和，前后相随。是以圣人处无为之事，行不言之教，万物作焉而不辞，生而不有，为而不恃，功成而弗居。夫唯弗居，是以不去。"这是老子的"无为"主张。老子认为，大道当无为。有无互相依存，难易相辅相成，长短相互对照，高下相互比较，音声协调配合，前后相互对立，相生相克相互依存，这就是自然规律的常态。因此，圣人应懂得自然规律，依照自然规律，不强行不作为，让存在于天地之间的万物自行通过规律发展，让万物自然兴盛衰亡而不参与改变、不据为己有，辅助推动万物的发展而不自我夸耀。这种功成而弗居的做法，反而使他的功绩永远不会消失。

66.天①之道②，利而不害。（《老子》第八十一章）

【注】①天：自然。②道：规律。

【译】自然规律有利于物而无害于物。

【解】作为道家思想的创始人，老子将天道看作万物存在与发展的总根源、总规律，而这一作为终极原理的道的基本内容和基本准则却是对万物施利而不加害。在人效法道的意义上，人行为的基本准则亦应是利万物而不为害。

无数事实表明，尊重自然、顺应自然、保护自然，人类将会获得自然界美好的馈赠，而对大自然的伤害最终会伤及人类自身。例如，十几年前，为了快速发展经济，浙江省安吉县余村村民炸山开矿，不仅破坏生态环境，大肆掠夺自然资源，其结果是，村里灰尘漫天，家家紧闭门窗，村民收入不增反减。后来，村民们转变观念，大力发展生态经济和乡村旅游，关停矿场，修复空地，办起农家乐，把荒山变茶园、竹林和药田，村民收入连年翻番，实现了人与自然和谐共生。从破坏生态到保护生态，安吉县余村村民的生活可谓"前后两重天"。基于此，2005年，习近平同志正是在这里提出了"绿水青山就是金山银山"的科学论断。

67.以①**道观之，物无贵贱；以物观之，自贵而相贱。（《庄子·秋水》）**

【注】①以：用。

【译】从自然之道的角度来看，万物没有贵贱之分；从具体事物的角度来看，事物都是自我肯定而轻贱他人他物。

【解】庄子认为，站在道的根本、总体视角上来看，万物都是平等的，没有贵贱之分；站在具体事物的视角上来看，事物都是自我肯定自己的高贵价值而轻贱他人他物的价值。以物观之的视角是《庄子》所否定的，以道观之的视角才是《庄子》所提倡的。可见，与儒家思想相比，道家思想更加肯定天地万物之间的平等地位与同一价值。

从生态文明的视野来看，人与自然是生命共同体，人与自然万物是平等的、共生的、友好的伙伴，绝不是高贵者与低贱者、主宰与被主宰、征服与被征服的关系。由此出发，我们既不能否认人的自由、权利和相对独立性，但又必须超越狭隘的人类中心主义，重新调整人与自然的关系，尊重自然、顺应自然、保护自然，珍爱一切动物、植物以及非生命存在物，维持生态系统的完整、稳定和美丽。

68.天地有大美①**而不言，四时有明法**②**而不议，万物有成理**③**而不说。（《庄子·知北游》）**

【注】①大美：最大的美善、美德，指天地创生万物。②明法：明确的法则。③成理：固有的道理。

【译】天地有至大的美善而不自我言表，四时具显明的法则而不议论，万物有生长的规律而不说明。

【解】《庄子·外篇·知北游》曰："天地有大美而不言，四时有明法而不议，万物有成理而不说。圣人者，原天地之美而达万物之理。是故至人无为，大圣不作，观于天地之谓也。"天地有至大的美善，四时具显明的法则，万物拥固有的道理，却都不称说和炫耀自己。天地、四时和万物都是具有自己的美善价值与固有道理的，都值得人去认知和尊重。因此，人类大肆猎杀，不仅是不尊重生命的价值，而且破坏了自然法则。中国自古以来便有动物保护的思想，孟子说："君子之于禽兽也，见其生，不忍见其死；闻其声，不忍食其肉。"而这一精神在今天依然被我们传承，近年来中国在严厉打击野生动物及象牙等动物产品非法贸易方面取得了显著成效，得到了国际社会的高度赞扬。

【佛家】

69.此有①故彼有，此生②故彼生。……此无③故彼无，此灭④故彼灭。（《杂阿含经》卷十）

【注】①有：存在。②生：产生。③无：不存在。④灭：消失。

【译】这个事物存在，那个事物才能存在；这个事物产生，那个事物亦随着产生。……这个事物不存在了，那个事物也就不存在；这个事物消灭，那个事物亦随着消灭。

【解】《杂阿含经》是原始佛教的基本经典，是"四部阿含"之一。《杂阿含经》曰："所谓此有故彼有，此生故彼生，谓缘无明有行，乃至生、老、病、死、忧、悲、苦、恼集；所谓此无故彼无，此灭故彼灭，谓无明灭灭则行灭，乃至生、老、病、死、忧、悲、恼、苦灭。"一切事物的产生、存在与消灭都是依赖于其他事物的，事物"彼""此"构成一个不可分割的整体。只有将一物置于整体中，在众多条件的规定下，才能确定其存在。事物不是孤立地存在的。这是佛教的缘起学说所主张的整体自然观。在此整体的自然世界之中，万物处在相互依存的关系中，每个事物对于其他事物都是具有价值的。正是由于万物是普遍联系的，因此不能损物利人，必须建立人与自然和谐共处的关系。2017年1月18日习近平总书记在联合国日内瓦总部进行演讲时强调："坚持绿色低碳，建设一个清洁美丽的世界。人与自然共生共存，伤害自然最终将伤及人类。空气、水、土壤、蓝天等自然资源用之不觉、失之难续。工业化创造了前所未有的物质财富，也产生了难以弥补的生态创伤。我们不能吃祖宗饭、断子孙路，用破坏性方式搞发展。绿水青山就是金山银山。我们应该遵循天人合一、道法自然的理念，寻求永续发展之路。"

70.青青翠竹，尽是真如^①；郁郁^②黄花，无非般若^③。（《祖堂集》卷三）

【注】①真如：遍布于宇宙中真实之本体。②郁郁：形容草木丛生而茂密的样子。③般若：佛教中指如实认知一切事物和万物本源的智慧。

【译】青青的翠竹，尽皆为真如实相；茂盛的菊花，无不是般若智慧。

【解】《祖堂集》在中国久已失佚，是日本学者在20世纪20年代在朝鲜发现的现存最早的禅宗史书。《祖堂集》卷三曰："'青青翠竹，尽是真如；郁郁黄花，无非般若。'有人不许，是邪说；亦有人信，言不可思议，不知若为？师曰：'此盖是文殊普贤大人境界，非诸凡小而能信受，皆与大乘了义经意合故。'《华严经》云：'佛身充满于法界，普现一切群生前。随缘赴感靡不周，而常处此菩提座。翠竹不出法，岂非法身乎。'又经云：'色无边故般若亦无边。黄花既不越色，岂非般若乎。'"翠竹、黄花均为无情之物，但它们都是佛性真如的显现，无不凝聚着佛的智慧。这是讲一切有情众生，以至无情之草木，皆有佛性。从同具佛性的角度，中国佛教同样肯定了自然万物之间的平等价值。

【杂家】

71.山林薮泽①足以备财用，则宝之。（《国语·楚语》）

【注】①薮（sǒu）泽：草木茂盛的沼泽湖泊。

【译】山林与湖泊沼泽之地，其出物产足以备人所用，应该加以珍视与爱护。

【解】《国语》相传是春秋时期左丘明（前556年—前451年）所撰写的一部国别体著作，其中《楚语》二卷主要记载楚国灵王、昭王时期的历史事件。此处提出自然物产对于人类可备财用，乃是对于生态系统的资源价值和经济价值的最为直接和基本的肯定。

自然万物是人类赖以生存和发展的基础，良好的生态环境能够为人们的生存、生产、生活提供丰富的自然资源。俗话说："靠山吃山唱山歌，靠海吃海念海经。"我们既要保护山水林田湖草，又要坐山养山、蓄水用水，把生态底线守得更牢。具体而言，突出"护"，实施生态保护和修复工程，提升自然生态系统稳定性和生态服务功能；突出"建"，狠抓退耕还林，加强天然林保护、封山育林、植树造林等生态工程建设，让绿色成为美丽中国的一抹亮色；突出"管"，以零容忍态度严厉打击环境违法行为，做到"法不留情、刑不恕人"。

72.夫水土演①而民用也。水土无所演，民乏财用，不亡何待？（《国语·周语》）

【注】①演：湿润。

【译】水流畅通、土地湿润才能为民所用，水流不通、土地干枯则百姓会缺乏材用，国家将走向灭亡。

【解】《国语·周语》记载了周宣王时期太史伯阳父针对泾水、渭水、洛水流域发生地震之事所发的一段议论，颇涉生态系统与人类社会之生存、发展的联系。伯阳父为西周时掌管天文历法的官员，以其专业知识与见识，提醒人们注意生态系统与人类生活之间的紧密关联。其中讲到，水流畅通、土地湿润才能长育万物为民所用，水流不通、土地干枯则百姓会缺乏材用，国家将走向灭亡。这是对于天文、地理之于人类社会的资源价值和经济价值的重要认识。

森林、湖泊、湿地是天然水库，具有涵养水量、蓄洪防涝、净化水质和空气的功能。现在的问题是，过去几十年间，全国面积大于10平方千米的湖泊已有200多个萎缩；全国因围垦消失的天然湖泊近1000个；全国每年1.6万亿立方米的降水直接入海，无法利用。针对这种严峻形势，习近平总书记2014年2月26日在北京考察工作结束时指出："如果再不重视保护好涵养水源的森林、湖泊、湿地等生态空间，再继续超采地下水，自然报复的力度会更大。"

73.草木植①成，国之富也。（《管子·立政》）

【注】①植：一本作"殖"，繁殖。
【译】草木繁殖成长，国家就会富足。
【解】这句话体现了古人朴素而睿智的生态思想。良好生态本身蕴含着经济社会价值。2021年4月30日，习近平总书记在十九届中央政治局第二十九次集体学习时指出："草木植成，国之富也。"提升生态系统质量和稳定性，这既是增加优质生态产品供给的必然要求，也是减缓和适应气候变化带来不利影响的重要手段。

74.水泉深则鱼鳖归①之，树木盛则飞鸟归之，庶草②茂则禽兽归之。

（《吕氏春秋·功名》）

【注】①归：归栖，休憩。②庶草：百草。

【译】水体深厚则鱼鳖之类归栖，树木茂盛则飞鸟往憩，林草繁茂则禽兽居于其中。

【解】《吕氏春秋·功名》曰："水泉深则鱼鳖归之，树木盛则飞鸟归之，庶草茂则禽兽归之。人主贤则豪杰归之。故圣王不务归之者，而务其所以归。"中国古人强调了水泉山林之于动物的重要环境价值。这也表明生态保护思想是先秦众多思想派别的共同认识。保护生态环境在今天愈益成为人类的紧迫问题，习近平总书记2015年9月28日在参加第七十届联合国大会一般性辩论时的讲话中提道："我们要构筑尊崇自然、绿色发展的生态体系。人类可以利用自然、改造自然，但归根结底是自然的一部分，必须呵护自然，不能凌驾于自然之上。我们要解决好工业文明带来的矛盾，以人与自然和谐相处为目标，实现世界的可持续发展和人的全面发展。"建设生态文明从古至今都是关乎人类未来的一件大事。

75.天地万物，一人之身也，此之谓大同①。众耳目鼻口也②，众五谷寒暑也③，此之谓众异④，则万物备也。（《吕氏春秋·有始》）

【注】①大同：高度统一。②众耳目鼻口也：耳、目、口、鼻各不相同，是为众、为多。③众五谷寒暑也：地有五谷，天有寒暑，是为众、为多。④众异：各不相同。

【译】天地万物，如同一人的身体，这叫作大同。人有耳目口鼻，天地万物有五谷寒暑，这叫作多样，如此则万物齐备。

【解】《吕氏春秋·有始》曰："天地万物，一人之身也，此之谓大同。众耳目鼻口也，众五谷寒暑也，此之谓众异，则万物备也。天斟万物，圣人览焉，以观其类。解在乎天地之所以形，雷电之所以生，阴阳材物之精，人民禽兽之所安平。"天地万物，自其相同的方面来看，万物均与我为一体，可谓高度统一；从其相异的方面来看，一身之内亦有耳目口鼻的众多不同，天地之间则有五谷与寒暑的许多差异，可谓万物齐备。万物虽异，却又高度统一。万物之间的这种关系，决定了万物都有其自身的价值，又彼此不可缺少。自然界中的万物都在同一生态系统中，以食物链相串联，以维持平衡与统一。人类也是这个系统的一环，探究并尊重自然中万物的规律是合理开发自然的前提，这种尊重生态的规律与时序的观念在中国古代得到众多思想派别的认可与宣扬，如《孟子·梁惠王上》曰："不违农时，谷不可胜食也；数罟不入洿池，鱼鳖不可胜食也；斧斤以时入山林，材木不可胜用也。谷与鱼鳖不可胜食，材木不可胜用，是使民养生丧死无憾也。养生丧死无憾，王道之始也。"根据农作物生长的时间进行种植，不用过密的渔网进行捕捞，在适当的时间进入山林砍伐，这都是古人所看到的自然万物各异的规律。相反，违背自然规律进行生产将会带来生态的破坏，不利于黎民百姓的生产与生活。这也会对政治产生重要影响。习近平总书记在2018年5月的全国生态环境保护大会上提道："山水林田湖草是生命共同体，要统筹兼顾、整体施策、多措并举，全方位、全地域、全过程开展生态文明建设。"只有尊重自然规律，人类的生产、生活才能与自然达到和谐统一。

76.膏壤^①万里，山川之利，足以富百姓。（《盐铁论·未通》）

【注】①膏壤：肥沃的土壤。

【译】广阔的肥沃土壤，山川的产出，足以使百姓富足。

【解】《盐铁论》是西汉昭帝时期桓宽根据著名的"盐铁之议"记录整理编撰的重要史书，其辩论主题是"国营垄断"与"自由经济"之争。这里的选句强调了生态系统中土地、山川及其产出对于人的经济价值。

生态环境和自然万物是有价值的，保护生态环境就是增值资源价值和自然资本的过程，就是保护和发展生产力。山川土壤等自然资源既是人类利用自然、改造自然的对象，又能为人类提供经济价值。长期以来，人们往往认为自然资源是无价值的，这造成了对自然资源的无偿占用、掠夺开发，以至于造成自然资源的浪费和生态环境的恶化。在新时代，应该通过观念转变、技术进步和知识创新，不断提高使用效率，以更少的自然资源消耗去创造更多的物质财富。

77.斩伐林木，亡有时禁①，水旱之灾，未必不由此也。（《汉书·贡禹传》）

【注】①时禁：一定时令之中的禁令，这里指砍伐林木的禁令。

【译】砍伐树木，不遵守时禁，水旱灾害的发生，未必不是由于这个原因。

【解】这句话出自《汉书·贡禹传》："今汉家铸钱，及诸铁官皆置吏卒徒，攻山取铜铁，一岁功十万人已上，中农食七人，是七十万人常受其饥也。凿地数百丈，销阴气之精，地臧空虚，不能含气出云，斩伐林木，亡有时禁，水旱之灾，未必不由此也。"早在汉代，人们就认识到，人类对林木的砍伐是导致水旱灾害的重要原因，破坏自然生态会伤害人的生存、生产和生活。在这里，林木的长养对于防止水旱之灾的重要作用，与前面《礼记·祭法》所谓"山林川谷丘陵，能出云，为风雨"关于山林川谷对于气候影响的认识是相联系的。前条从正面说，此条从反面说，都是对生态系统中不同要素之间价值关系的认识。

78.土，地之吐生万物者也。（《说文解字》）

【译】土地就是吐生万物者。

【解】这句话出自《说文解字·土部》："土，地之吐生万物者也。

二象地之上、地之中，｜，物出形也。"东汉著名经学家、文字学家许慎（约58年—147年）的《说文解字》，是中国古代著名字书，记录与分析了中国汉字的结构、字义及其深刻的文化意义，被后人誉之为理解汉字训诂与意义的"圣经"。其中，对于"土"，《说文解字》主要从功能、价值的角度来进行认识和规定，认为土地即能吐生万物者，并以此说明"土"从"二"从"｜"的造字意涵。先民造字，往往取自对一事物最根本的特征或者功能的把握而以一定符号表示其意义。《说文解字》对于"土"字造字本旨的揭示，典型地代表了中国古人对于土地之生态功能价值的认识。

【文学】

79.蔽芾①甘棠②，勿翦③勿伐，召伯④所茇⑤。（《诗经·国风·甘棠》）

【注】①蔽芾（fèi）：茂盛的样子。 ②甘棠：即白棠，又叫棠梨，一种果树。③翦：通"剪"。④召伯：召公，周文王之子，武王之弟，周初大臣。⑤茇（bá）：住宿，止舍。

【译】茂盛的甘棠树啊，枝叶不要修剪，树干不要砍伐，因为那曾是召伯住宿之处。

【解】《甘棠》曰："蔽芾甘棠，勿翦勿伐，召伯所茇。蔽芾甘棠，勿翦勿败，召伯所憩。蔽芾甘棠，勿翦勿拜，召伯所说。"朱熹《诗集传》释曰："召伯循行南国，以布文王之政，或舍甘棠之下。其后人思其德，故爱其树而不忍伤也。"这首诗反复告诫人们爱护甘棠树，不要砍伐与毁坏，其要求与生态保护的措施甚为一致。不过，诗人要求人们保护甘棠树的理由，却并不是生态的，而是伦理情感方面的。因为召伯在甘棠树下停宿过，于是将甘棠树与召伯的德政联系在一起。爱护甘棠与怀念召伯在民众那里交融在一起而不可分离。首先，甘棠树之所以与召伯联系在一起，是因为其树曾为召伯居住、休息、停歇之处，这种功能当然是生态之于人的价值的重要体现。这一点看似寻常，实则十分重要。我们今天的各种公园绿化建设不就是为了此吗？其次，在中国古人的情志表达方式中，外在的景物总是与人内在的情感、道德等交融在一起。中国人看待外部自然事物，很少将其当作客观的冷冰冰的认识与改造对象，而是看作是人的意义世界中的一个组成部分。在此诗中，甘棠树就成为召公与民众组成的伦理共同体中的重要因素，具有了召公与民众联系的纽带与象征的意义。这种认识和对待自然物的方式，使得自然万物对于中国古人具有特别的价值，伦理与生态在此成为一体。因为有这种情感的注入，外部自然物对于人的情感价值往往使其变得格外珍贵和意义非凡。

80. 居有良田广宅，背山临流，沟池环匝①，竹木周布，场圃筑前，果园树后。（《乐志论》）

【注】①环匝：交接环绕。

【译】拥有肥沃田地与宽广宅第，背靠大山前临江水，沟渠池塘交接环绕，青竹团围林木参差，宅前辟有花圃如田，屋后种有果树成园。

【解】《乐志论》的作者是东汉末年的哲学家、政论家仲长统。《乐志论》曰："使居有良田广宅，背山临流，沟池环匝，竹木周布，场圃筑前，果园树后。舟车足以代步涉之难，使令足以息四体之役。养亲有兼珍之膳，妻孥无苦身之劳。良朋萃止，则陈酒肴以娱之；嘉时吉日，则烹羔豚以奉之。蹰躇畦苑，游戏平林，濯清水，追凉风，钓游鲤，弋高鸿。讽于舞雩之下，咏归高堂之上。安神闺房，思老氏之玄虚；呼吸精和，求至人之仿佛。与达者数子，论道讲书，俯仰二仪，错综人物，弹《南风》之雅操，发清商之妙曲。逍遥一世之上，睥睨天地之间。不受当时之责，永保性命之期。如是，则可以陵霄汉，出宇宙之外矣。岂羡夫入帝王之门哉！"良好的生态环境是古人生活的陪衬、审美的对象和精神的寄托。2017年3月29日，在首都义务植树活动时，习近平总书记强调："植树造林，种下的既是绿色树苗，也是祖国的美好未来。要组织全社会特别是广大青少年通过参加植树活动，亲近自然、了解自然、保护自然，培养热爱自然、珍爱生命的生态意识，学习体验绿色发展理念，造林绿化是功在当代、利在千秋的事业，要一年接着一年干，一代接着一代干，撸起袖子加油干。"这同仲长统《乐志论》中通过描述中国古人理想的生活图景所展现出的追求良好生态环境的诉求不谋而合。这不仅是古人的理想生活蓝图，也是我们现代以及子孙后代所期待且需要的生活蓝图。

81.山川之美，古来共①谈。（《答谢中书书》）

【注】①共：相同，一样。

【译】山川之美，是古今人们都一样喜欢谈论的。

【解】《答谢中书书》是南朝文学家陶弘景（456年—536年）写给其友谢中书的一封信。在此信中，陶弘景称道江南山水之美，描绘了一幅由泉水、山石、青松、翠竹、猿鸣、鱼跃、晓雾、夕阳组成的美好多姿的自然画面，称之为人间仙境。不难看出，古代文士笔下生机活泼的山川之美即是对生态环境审美价值的表达。

绿水青山具有环境价值和审美价值，是人民幸福生活的重要内容，是金钱不能代替的。千百年来，华山之陡峻、黄山之秀丽、黄河之壮观、长江之宽广，使人产生了崇高的美感和无限的感慨。基于此，我们必须采取切实措施加强对名山大川的保护，使"青山常在、清水长流、空气常新"，不断丰富和提升人民群众的获得感，努力建设望得见山、看得见水、记得住乡愁的美丽中国。

82.相看两不厌①，只有敬亭山。（《独坐敬亭山》）

【注】①厌：满足。

【译】久久凝望幽静秀丽的敬亭山，觉得敬亭山似乎也正在含情脉脉地看着自己，彼此都看不够、看不厌。

【解】"众鸟高飞尽，孤云独去闲。相看两不厌，只有敬亭山"出自唐代诗人李白的诗作——《独坐敬亭山》。作者借青山无言之景抒发内心无奈之情，景为情系，情在景中。

人类要过上美好生活，既需要农产品和工业品，也需要服务型产品，还需要生态"产品"——秀丽的青山、清洁的水源、清新的空气、优美的环境。在工业文明之前，生态产品是无限供给的，是人类不需要购买就可以自然而然得到的。现在的问题是，生态恶化、环境污染、气候变化、灾害频发，于是秀丽的青山、清洁的水源、清新的空气、优美的生态环境越来越成为稀缺的产品。所谓"青山留客"，正是此意。而生态产品的生成地就是高山、森林、草原、湖泊、海洋等生态空间，只有保护好这些生态空间，才能提供更多更好的生态产品。目前，人民群众对生态环境及其生态产品提出了新的更高要求，这就必须顺应人民群众对优美生态环境的新期盼，把提供生态产品作为发展的应有之义，为人民群众提供更多的绿水青山。

【故事】

83. 不夭①斤斧，物无害者，无所可用，安所困苦哉！（《庄子·逍遥游》）

【注】①夭：遭受。

【译】（樗树）不遭受斧斤砍伐，没有什么东西伤害它，不中材用，又有什么烦恼的呢？

【解】惠子谓庄子曰："吾有大树，人谓之樗。其大本拥肿而不中绳墨，其小枝卷曲而不中规矩。立之涂，匠者不顾。今子之言，大而无用，众所同去也。"庄子曰："子独不见狸狌乎？卑身而伏，以候敖者；东西跳梁，不辟高下；中于机辟，死于罔罟。今夫斄牛，其大若垂天之云。此能为大矣，而不能执鼠。今子有大树，患其无用，何不树之于无何有之乡，广莫之野，彷徨乎无为其侧，逍遥乎寝卧其下。不夭斤斧，物无害者，无所可用，安所困苦哉！"《庄子·逍遥游》的这个故事，通过庄子与惠子的对话，揭露了两种截然不同的看待事物价值的方式。惠施看待事物，只看到事物的工具性价值，并以此决定对待事物的态度；而庄子则注重事物自身的目的性价值，事物保全自身的存在与发展即是其最大的价值，又何必追求对他者有用呢？在庄子看来，追求工具性价值者，自身亦不免被当作他者之工具性价值而使用，以致伤生害命。庄子对于事物目的性价值的发现与肯定，与我们今天生态思想中对于生态系统中事物的自身价值的肯定甚为一致。党的十九大报告中指出："人与自然是生命共同体，人类必须尊重自然、顺应自然、保护自然。人类只有遵循自然规律才能有效防止在开发利用自然上走弯路，人类对大自然的伤害最终会伤及人类自身，这是无法抗拒的规律。我们要建设的现代化是人与自然和谐共生的现代化，既要创造更多物质财富和精神财富以满足人民日益增长的美好生活需要，也要提供更多优质生态产品以满足人民日益增长的优美生态环境需要。"

84.每至一时，即有猿一枚诣亭前鞠躬而啼，不易①其候②，太素因目之为报时猿。（《开元天宝遗事》）

【注】①易：改变。②候：时令，节候。

【译】每到一个时刻，就有一只猿猴来到庭前做出鞠躬的样子而啼叫，从不改变，太素将其看作报时猿。

【解】这段话出自五代王仁裕所撰的笔记小说——《开元天宝遗

事》："商山隐士高太素，累徵不起，在山下构道院，二十余间，太素起居清心亭下，皆茂林秀竹，奇花异卉。每至一时，即有猿一枚诣亭前鞠躬而啼，不易其候，太素因目之为报时猿，其性乎有如此。"高太素为山间隐士，有山猿日日为其报时，可为异事。对于山猿报时的神奇传说，我们生活在今天，有人自可质疑其真实性。但这一问题，其实已经不重要了。中国古人对这样一个故事的叙述，表达的是古人信仰生物与时令感应相通，并向往人与动物和谐相伴。可以说，其背后的世界观与价值观均是生态主义的。人与自然和谐相处是个永恒的命题，直到现在，习近平总书记在2020年1月6日给世界大学气候变化联盟学生代表的回信中仍有提及："我从那时起就认识到，人与自然是生命共同体，对自然的伤害最终会伤及人类自己。"与自然友好相处才能得到其馈赠，良好的生态环境是我们的福祉。我们既要绿水青山，也要金山银山。习近平总书记一再强调生态文明建设的重要性，我们应铭记其谆谆教诲。

85.程颐谏①折枝："方春发生，不可无故摧折。"（《宋名臣言行录》外集卷三）

【注】①谏：规劝君主。

【译】程颐规劝皇帝不要折（柳）枝："（柳枝）正是春天生发之时，不可无故加以摧折。"

【解】原文出自《宋名臣言行录》外集卷三："程颐任崇政殿说书，尝闻上在宫中起行漱水，必避蝼蚁，因请之曰：'有是乎？'上曰：'然，诚恐伤之尔。'先生曰：'愿陛下推此心以及四海，则天下幸甚。'一日，讲罢未退，上忽起，凭槛戏折柳枝。先生进曰：'方春发生，不可无故摧折。'上不悦。"

程颐（1033年—1107年），世称伊川先生，北宋理学家、教育家，与其兄程颢（1032年—1085年）合称"二程"。程颐五十四岁得任崇政殿说书，教导年少的宋哲宗（1077年—1100年）。他听闻小皇帝日常在宫中吐漱口水都要避开地上的蝼蚁，唯恐伤害它们。程颐亲口向皇帝求证其事，并借机开导皇帝蓄行仁心于天下。又有一次，他给皇帝讲课刚罢，尚未退走，忽见皇帝起身凭栏折取柳枝戏耍。程颐夫子严词再谏道：树木在春天正是萌蘖生发的季节，不可无故折取枝条以伤其生长。小皇帝听了，自然不高兴。程颐谏折枝的故事，典型地体现了儒家士人的政治理想及其困境。宋明儒家将理想政治的实现寄托在君王的"仁心"之上，因此，在君王的教育中十分重视对于其仁心仁性的启发。儒家的仁心仁德追求，不仅对于人而言，亦施及于万物。在物或者人之上表现出来的仁心并无本质的差别，故而程颐以小皇帝偶一在物上表现之仁心来启发他将其推及万民；而当小皇帝偶有取物伤生的折枝行为，他要谏止皇帝，教之以保护树木生意。在儒家对于君王的仁心仁德教育中，对于动植物的爱护成为一个重要的方面和要求。可见，在儒家的政治文化与修身文化中，生态保护都是一个重要内容。而生态系统中的物之所以应该加以保护，不是因为它对于人的实用价值，而是因为它们和人一样都是儒家仁爱共同体中的成员。作为一个教育案例，程颐谏折枝是失败的，但其中对于儒家仁爱思想的理解与强调则并不过时。

伦理篇

【共四十三条】

　　中国传统生态伦理观是中国古人处理自身与气候、水土、生物等生态要素之间关系的一系列伦理原则和道德观念。在这里，天人关系是中国传统生态伦理观的核心问题，成为中国古人观察、认知、处置一切问题的出发点和落脚点。在中华传统文化中，"天"兼具本体性的主宰之天、物质性的自然之天和伦理性的义理之天等不同含义，"天人合一"也有"天人合德""天人相交""天人感应"等多重意蕴，不了解传统的天人观，就难以把握中国传统生态伦理观的基本特质与独特理念。总体来说，"天人合一"是中国古人处理人与自然关系的基本原则与价值追求。中华传统文化注重人与自然的和谐合一，强调人应该尊重自然和保护自然，要求人与自然之间应该和谐共生、融为一体。《周易》主张"乾道变化，各正性命，保合太和，乃利贞"；《中庸》提出"万物并育而不相害，道并行而不相悖"的理想，均是要求实现人与生态环境的和谐统一、协调发展。党的十九大报告指出，人与自然是生命共同体，人类必须尊重自然，从而顺应自然、保护自然。"人与自然是生命共同体"的理念正是对中国传统生态伦理观的这一基本精神的继承与发挥。大致地说，以"天人合一"为核心原则的中国古代生态伦理观有着丰富多元的内涵，主要包括以下内容：

　　其一，生态环境系统中的动物、植物甚而无机物都应成为人在道德上尊重和保护的对象。因为人是天地所生，与万物同属自然界的一部分，有着共同的本原。儒家的最高德性——仁不仅有"仁者爱人"的规定，而且有"恩及万物"的要求。从《史记》所载商汤的"德及禽兽"开始，儒家典籍中关于"泽及草木""恩及于土"等论述屡见不鲜。《庄子》曰："泛爱万物，天地一体也。"佛教倡导普度众生，宣扬戒杀放生，要求善待一切生命。《大智度论》云："诸余罪中，杀业最重；诸功德中，放生第一。"儒、道、佛的生态伦理，强调对于一切有情与无情之物的尊重和保护是一致的。

　　其二，人必须在自然万物面前保持谦卑恭敬的态度，以感恩天地馈赠衣食的良好心态来面对生态环境。儒家认为，人必须对天地万物和生态环境常存敬畏之心。孔子曰："君子有三畏：畏天命，畏大人，畏圣人之言。"道家提出，人在有着伟大造化和功德的生态环境面前，只有保持因顺的态度才是本分。老子主张"辅万物之自然而不敢为"，庄子提出"以道观之，物无贵贱"，又强调"无以人灭天"。

其三，尽管人是万物之灵，具有超出万物的优越地位，但是人类必须爱护生态环境和自然万物。儒家主张，人作为"天地之心"，应该以孝悌慈爱为始发，把仁爱从各种社会关系推至自然万物，并以安置自然万物为己任。孟子说："亲亲而仁民，仁民而爱物。"北宋张载提出"乾称父，坤称母""民吾同胞，物吾与也"的理念，从程颢至王阳明则延续着宋明理学"一体之仁"的论说，都包含着这一重要的生态伦理要求。王阳明说："仁者以天地万物为一体，使有一物失所，便是吾仁有未尽处。"道家也认为，人类应该无差别地爱护自然万物，爱万物如同爱自己一样。

其四，人应该"与天地合其德"，取法于天地之"道"以指导自己立身处世。《周易》提出"大人者与天地合其德，与日月合其明，与四时合其序，与鬼神合其吉凶。先天而天弗违，后天而奉天时"，认为人道应当效法天道，与天道不相违背。老子则主张"人法地，地法天，天法道，道法自然"，认为"道法自然"是一切事物运行的不变法则。人产生于"道"生万物的过程中，人类应效法天地之道，对一切事物以顺应自然天道、尊重事物本性的态度处之。

可见，中国古人的生态伦理观既不同于人类中心主义——以人的利益为出发点看待和处理人与自然生态的关系，也不同于非人类中心主义——将人与自然环境的关系看作是平等的主体际关系，而是追求"天人合一"，把人与生态环境的和谐共生作为终极目标。当然，中华传统文化中的天人合一思想立足于古代以小生产为基础的农业经济，基本上只限于顺应自然规律去利用自然，更多的是意指人所必须具有的精神境界，缺乏认识自然和改造自然的深刻动机，没有为如何实现人与自然和谐相处找到一种具体路径。尽管如此，我们今天在处理人与生态环境关系时，中国传统生态伦理观所追求的人与自然和谐思想仍然具有重要价值和现实启示。

【儒家】

86.夫大人者，与天地合①其德，与日月合其明，与四时合其序，与鬼神合其吉凶。先天而天弗违，后天而奉天时。（《周易·乾卦》）

【注】①合：不违背，一事物与另一事物相应或者相符。

【译】那些被称为大人的圣人，他们的德性要与天地的功德符合，光彩要与太阳月亮的明亮匹配，要与春夏秋冬四个季节的顺序契合，要与鬼神的吉凶一致。在天意出现之前行事，而天意不违背他，在天意显现之后顺应天意。

【解】这段话的意思是，治国理政，必须顺应自然，与天地、日月、四时的运行规律相符合，才能取得良好效果。

尊重自然万物及其规律是人发挥主观能动性的前提。人们只有在认识和掌握自然规律的基础上，才能达到开发利用生态环境的目的。荀子说，"天行有常，不为尧存，不为桀死"，就是说自然规律是客观的，不以任何人的意志为转移。马克思认为："人作为自然的、肉体的、感性的、对象性的存在物，同动植物一样，是受动的、受制约的和受限制的存在物。"人类必须对自己的行为做出适当的约束和限制，树立、培育和践行尊重自然、顺应自然、保护自然的理念，走绿色发展、创新发展、共享发展、协调发展和开放发展之路。

87.无事①而不田②，曰不敬；田不以礼，曰暴天物。（《礼记·王制》）

【注】①事：变故。②田：古同"畋"，打猎。

【译】没有变故（如战争或灾祸）却不打猎，叫作不敬；田猎时不遵守礼仪规矩而任意捕杀，就叫作践踏万物。

【解】中国古人强调，必须对生态环境存敬畏之心，对自然资源要取之有度。《礼记·王制》记载，在没有战争和凶丧的情况下，天子、诸侯每年田猎三次。其目的有三：一是为了准备祭祀供品，二是为了招待宾客，三是为了丰富膳食种类。田猎时，天子打猎不应该四面合围，诸侯打猎不应该把成群的野兽全部杀光。

如果任凭人类的欲望膨胀而肆意掠夺、破坏自然资源，那么就像杀鸡取卵一样，人类将再无自然资源可用。因此，人类只能有节制、有计划地开发利用自然资源。由此，必须通过划定生态保护红线，将生物多样性保护的空缺地区纳入保护范围，确保国家重点保护物种保护率达100%。生态保护红线是保护生物多样性、维持关键物种、生态系统存续的最低底线。

88.断①一树，杀一兽，不以其时，非孝也。（《礼记·祭义》）

【注】①断：长形的东西从中间分开。

【译】砍伐一棵树，捕杀一只野兽，若不按照时节，也是一种不守孝道的行为。

【解】《礼记·祭义》主要阐述祭祀的意义。这句话的意思是，在动植物不成熟之时，不得捕猎和砍伐。曾子更是把环境保护与孝道联系起来，认为一个人不按照时节砍伐树木和捕杀野兽就是违反了孝道。这体现了中国古人朴素的环境保护意识。

地球是全人类赖以生存的唯一家园。人类只有遵循自然规律，才能有效防止在开发利用自然上走错路、弯路和回头路。对生态环境的开发和自然万物的利用必须控制在合理范围内，必须尊重动物的生存权利和植物的生长规律，维持地球生态整体平衡，合理开发、友好保护。

89.地载①万物，天垂②象。取财于地，取法于天，是以尊天而亲地也。（《礼记·郊特牲》）

【注】①载（zài）：承载，负担。②垂：垂示，显现。

【译】大地承载孕育世间万物，上天显现自然界的各种征象。人类从广博大地取得各种生存需要的物资，根据天象制定各种法则，所以人应该尊崇天地，亲近大自然。

【解】《礼记·郊特牲》主要阐述祭祀礼仪及其哲学——神学意蕴。这句话指出，天地有着强大能量，构成了人的活动空间，人的生存、生产和生活依赖于广博大地，世间法则源于人对天象的效法。故人应该尊天、亲地并献祭。

蓝天和大地是人类赖以生存、生产和生活的环境因素。目前，我国生态文明建设和生态环境保护正处于关键期，生态环境质量持续好转，但成效并不稳固，大气污染严重、土壤中重金属超标等问题正成为影响人民群众环境福祉的重要方面。因此，打赢蓝天保卫战，扎实推进净土行动，成为刻不容缓的紧迫任务。

90. 启蛰①不杀，则顺人道；方长不折，则恕仁也。（《孔子家语·弟子行》）

【注】①启蛰：中国的二十四节气之一，为了避汉景帝刘启的名讳，后改称"惊蛰"。

【译】动物经过冬眠后，到了春天又开始复出活动，此时不去捕杀它们，则是顺应为人之道，草木正在生长之时，不去折断它，则是宽厚仁恕的体现。

【解】《孔子家语》是记录孔子及其弟子思想言行的著作。孔子终生倡导仁爱精神，要求惜命爱生不能仅仅局限于人的范围，必须把仁爱之心推己及物，泽及虫兽草木，无微不至地爱护动植物。从此，"启蛰不杀，方长不折"就成为中国人真诚而自觉地爱护自然、保护自然的信条。

尊重自然、顺应自然、保护自然应该将心比心、推己及物，不伤害小虫、不攀折草木也是对一个人生态文明素质的基本要求。当前，要加大生态系统保护力度，按照自然生态系统整体性、系统性及其内在规律，对山水林田湖草沙以及栖息其中的各种生物实行整体保护、系统修复、综合治理。2020年9月30日，习近平总书记在联合国生物多样性峰会上的讲话中指出："当前，全球物种灭绝速度不断加快，生物多样性丧失和生态系统退化对人类生存和发展构成重大风险。新冠肺炎疫情告诉我们，人与自然是命运共同体。我们要同心协力，抓紧行动，在发展中保护，在保护中发展，共建万物和谐的美丽家园。"

91.亲①亲②而仁民，仁民而爱物。（《孟子·尽心上》）

【注】①亲：亲近。②亲：有血统或夫妻关系的人。

【译】亲近自己的亲人从而仁爱老百姓，仁爱民众从而爱惜禽兽草木。

【解】仁政学说是孟子思想的重要内容，其始发点就是"亲亲而仁民，仁民而爱物"。孟子将爱人与爱护自然统一起来，认为人应该以仁爱之心去关心、爱护、帮助同类，进而把仁爱之心从各种社会关系推至自然万物，并以安置自然万物为己任。

根据生态文明的理念，人与自然不仅是生命共同体，也是道德共同体，人应该把自然万物也纳入道德共同体的范围。在处理人与自然关系时，人不仅要敬畏自然，还应该珍视、关爱、呵护自然万物，尽自己所能使其茁壮生长。

92.君子远庖①厨也。（《孟子·梁惠王上》）

【注】①庖：厨房。

【译】君子要远离厨房。

【解】孟子主张性善和仁政，性善和仁政有着相同的理论逻辑。孟子提出，人格高尚的人对于飞禽走兽，看见它活着而不忍心看它死去；听到它哀鸣的声音，便不忍心吃它的肉。因此，君子远庖厨，是要保持其恻隐之心。一个人要以仁爱之心对待自然万物，尤其是不要去杀有血气的生物。

人与自然是生命共同体，而凡是生命皆有感觉和灵性。人类害怕痛苦、疾病和死亡，动物也一样。将心比心，推己及物，人类除了善待自己和他人之外，还要善待一切生命，至少也要尽量做到减少动物死亡时的痛苦。

93.夫义者，内节①于人而外节于万物者也。（《荀子·强国》）

【注】①节：省减，限制。

【译】道义，从内在来说能够调节人与人之间的关系，从外在而言，能够协调人与自然万物之间的关系。

【解】荀子极其重视"礼义"和"法度"。在他看来，正义是调节人与自身、人与人、人与社会、人与自然之间关系的伦理准则，具有普遍必然性。从内部来说，人应该以正义原则来调节人与自身、人与人、人与社会的关系；从外部来说，人也应该以正义原则来调节人与自然万物的关系。

人与自然和谐共生是生态正义的主要内涵，也是处理人与自然关系的根本遵循。一方面，人应该尊重自然、顺应自然、保护自然，这是实现生态正义的基本前提；另一方面，要提供更多优质生态产品以满足人民日益增长的优美生态环境需要，这是实现正义的必然要求。

94.万物各得其和①以生，各得其养以成。（《荀子·天论》）

【注】①和：和谐。

【译】大自然中的草木禽兽各自汲取阴阳和气而产生，各自接受风雨的滋养而成长。

【解】《荀子·天论》："列星随旋，日月递炤，四时代御，阴阳大化，风雨博施，万物各得其和以生，各得其养以成，不见其事而见其功，夫是之谓神。"荀子认为，自然界的变化都遵循它自身的客观规律，是不以人的意志为转移的。这是中华传统文化中的"天人观"，对于解决现代社会的环境问题，有着很强的借鉴价值。"天人合一""万物并育"的理念，要求人们尊重自然、顺应自然、保护自然，与自然万物和谐共生。

在2015年11月30日气候变化巴黎大会开幕式上，习近平总书记引用了这句古语说明中国的生态伦理观。在中国秉持的新发展理念中，绿色发展是重要内容，一直以来，这样的价值观，已经变成了坚实有效的生态行动。

95.质^①于爱民以下，至于鸟兽昆虫莫不爱。不爱，奚^②足谓仁。（《春秋繁露·仁义法》）

【注】①质：本体，本性。②奚：文言疑问代词，与"胡""何"意思相近。

【译】真心实意地爱他人，以至于连鸟兽昆虫都没有不爱的。不爱别人，怎么称得上是仁爱？

【解】这句话出自西汉大儒董仲舒的《春秋繁露·仁义法》："昔者晋灵公杀膳宰以淑饮食，弹大夫以娱其意，非不厚自爱也，然而不得为淑人者，不爱人也。质于爱民以下，至于鸟兽昆虫莫不爱。不爱，奚足谓仁。"董仲舒继承了儒家创始人孔子的仁爱思想，认为仁爱原则同样适用于人与自然万物的关系。

日月星辰、风雨露雷、草木山川、鸟兽昆虫等自然万物与人既是生命共同体，也是伦理共同体。这个共同体是人类社会赖以存在和发展的物质条件。基于此，人类应该把其他动物纳入道德共同体的范围，以仁爱之心对待其他动物，不能只爱护同类而不爱护其他动物。

96.天地人，万物之本①也。天生之，地养之，人成之。天生之以孝悌，地养之以衣食，人成之以礼乐，三者相为手足，合以成体……三者皆亡，则民如麋鹿，各从其欲。（《春秋繁露·立元神》）

【注】①本：事物的根源。

【译】天、地、人，三者是万物的根本。天生成万物，地养育万物，人成就万物。天用天伦之本（孝敬父母、爱护兄弟姐妹）来生养万物，地为万物提供衣服食物，人用礼乐成就万物，三者就如人的手和脚一样，合而为一……三者都消失了，则民众如禽兽，各自遵循自己的欲望。

【解】董仲舒在《春秋繁露·立元神》中写道："天地人，万物之本也。天生之，地养之，人成之。天生之以孝悌，地养之以衣食，人成之以礼乐，三者相为手足，合以成体……三者皆亡，则民如麋鹿，各从其欲。"在他看来，天、地、人是自然的根本，三者各司其职，相辅相成。

作为自然万物的根本，天、地、人共存共生，缺一不可。没有良好的自然环境，人类的生存和发展将受到阻碍；没有人的积极作为，自然环境的存在就失去了意义。把人与天地联系在一起，生动形象地阐述了人与自然万物之间唇齿相依的紧密关系。世界是作为整体而存在的，人、社会和自然共同组成一个具有内在联系的有机整体。整体和部分的差别是相对的，联系才是根本的。生态文明的世界观昭示了人类与自然是一个整体，不仅包含在社会中也包含在自然中，人、社会和自然构成的有机统一体不可分割。

97.泛爱群生，不以喜怒赏罚，所以为仁也。（《春秋繁露·离合根》）

【译】博爱一切，不因为自己的喜好愤怒而赏赐或者惩罚（其他生物），这样才是仁爱。

【解】《春秋繁露·离合根》："内深藏，所以为神；外博观，所以为明也；任群贤，所以为受成；乃不自劳于事，所以为尊也；泛爱群生，不以喜怒赏罚，所以为仁也。"董仲舒认为，人泛爱自然万物不能被自己的情绪、偏见和利益所支配，而应该像天地一样无私。

人类尊重自然、顺应自然、保护自然应该持有良好的心态。爱护自然万物，应该保持内心的平静，不以物悲，不以己喜。在此基础上，树立对生态环境和自然万物的尊重、敬畏和感恩之心，从而培养守护自然万物的责任感，并积极践行各种保护环境的行为。

98.中①者，天下之终始也；而和者，天地之所生成也。夫德莫大于和，而道②莫正于中。中者，天地之美达理也。（《春秋繁露·循天之道》）

【注】①中：阴阳相合之态。②道：天地万物运行的规律。

【译】"中"是天地的终结和开始，"和"是天地的生长与成熟。最大的德不过于"和"，而"道"莫正于"中"。"中"是天地之最好的大道理。

【解】《春秋繁露·循天之道》载："循天之道以养其身，谓之道也。天有两和，以成二中，岁立其中，用之无穷。是北方之中用合阴，而物始动于下，南方之中用合阳，而养始美于上。其动于下者，不得东方之和不能生，中春是也；其养于上者，不得西方之和不能成，中秋是也。然则天地之美恶在？两和之处，二中之所来归，而遂其为也。是故东方生而西方成，东方和生，北方之所起；西方和成，南方之所养长。起之，不至于和之所不能生；养长之，不至于和之所不能成。成于和，生必和也；始于中，止必中也。中者，天地之所终始也；而和者，天地之所生成也。夫德莫大于和，而道莫正于中。中者，天地之美达理也，圣人之所保守也，《诗》云：'不刚不柔，布政优优。'"董仲舒指出"中"的状态是天道存在的终极状态，是贯通于宇宙万物之运行的理想原理。由"中"而生发的"和"是天地得以运行、万物得以生长繁荣的基础。社会生活中最大的德莫大于和者，可见"和"是万物得以滋养生成的基础。董仲舒将社会伦理之"道德"的最高境界比于宇宙万物运行的最高规律的"中"与"和"，这种在宇宙阴阳二气合一中寻找社会伦理道德秩序规范依据，将宇宙法则、自然法则与社会法则看作合一的观念，是典型的"天人合一"式思维。

99.天体物不遗①，犹②仁体③事而无不在也。（《正蒙·天道》）

【注】①遗：舍弃。②犹：好像。③体：体察。

【译】天能生成万物而不舍弃，就好像仁者体察到事物的规律而没有哪一点不明白。

【解】《天道》是从天道运行以及人对天道感悟等方面，将"天人合一"的思想表达出来。张载认为，天是万物存在的本体，仁亦是万事生成的依据，因此仁乃是效天之德，是为人之根本德性，是人的一切道德实践的基础与根源。这是在"天人合德"思维下的认识。天被赋予伦理品质，且为人之美德的来源。由此，具体的天地万物亦不仅是自然意义的存在，而且具有了伦理属性，是与人一样的生态伦理共同体中的成员。

按照生态文明的逻辑，"仁"是一种大爱。儒家所理解的"仁"，不仅是人伦之仁，也是自然之仁。人与自然万物皆是天地所生，人类只是自然界的一分子。作为立人之道，"仁"要求人们彼此相爱、推己及人；作为接物之道，"仁"要求人尊重自然、顺应自然和保护自然，不能藐视其他物种，更不能肆无忌惮地掠夺、残害、灭绝自然万物。因此，以"仁"指导人的行为，以"仁"约束人的行为，就成为生态文明建设的基本要求。

100.民，吾同胞；物，吾与①也。（《正蒙·乾称》）

【注】①与：同类，伙伴。

【译】黎民百姓，是我同胞的兄弟姊妹；世间万物，与我皆是伙伴同类。

【解】北宋大儒张载提出"民胞物与"的伟大命题。他将天地、万物、民众看作是一个大家庭，即整个宇宙就是一个大的伦理共同体，其中天地为父母，万物为同类，民众为同胞，由此提倡泛爱万物，强调个人对于天地万物的伦理责任。张载之论，具有深刻的生态哲学意涵，尤其肯定了生态系统对于人的伦理价值以及人对于生态系统的道德义务。

人与自然万物是平等相处、友好合作的关系，绝不是主宰与被主宰、征服与被征服、剥削与被剥削的关系。马克思指出："自然界，就它自身不是人的身体而言，是人的无机的身体。人靠自然界生活。这就是说，自然界是人为了不致死亡而必须与之处于持续不断的交互作用过程的、人的身体。所谓人的肉体生活和精神生活同自然界相联系，不外是说自然界同自身相联系，因为人是自然界的一部分。"如果人类不能保持自身与自然的和谐共生，反而会危及自身的生存和发展。因此，要在全社会范围内树立、培育和践行尊重自然、顺应自然、保护自然的生态伦理观，加快构建人与自然和谐统一、共存共荣的生态文化体系。

101.儒者则因明①致诚，因诚致明，故天人合一。（《正蒙·乾称》）

【注】①明：看清事物。

【译】儒家学者因为明察人伦、学习求知而通晓天理之诚，由尽心穷性、探究天理而洞明世事，因而达到天（即大自然）与人合而为一。

【解】这句话出自北宋理学家张载的《正蒙·乾称》。张载主张，儒家学者能够认识自己的本性是与一切物、一切人相同的，通过尽心穷性，就会达到"天人合一"。所以，要立己而且立人，求知必须周知万物，爱己而且爱人，成己而且成物。

　　既尊重自然万物及其规律，又能充分发挥人的主观能动性，这可以说是"天人合一"。自然规律不可轻易更改，更不会随着人的意志而转移，人不能违背自然规律、改变自然规律，但可以运用理性认识自然规律、掌握自然规律、运用自然规律，在遵循自然规律中推动经济社会发展。

102.人在天地之间，与万物同流①，天几时分别出是人是物？（《二程集·河南程氏遗书》卷二）

　　【注】①流：品类，等级。

　　【译】人生活在天地之间，与万物同类，大自然什么时候把人与万物作了区分？

　　【解】《二程集》是北宋理学家程颢、程颐兄弟二人的著作。二程认为，天理是万物的本原，先有天理后有万物，人与万物皆出于天理。

　　人是自然万物的一部分，并不能凌驾于自然万物之上。从大自然的角度来看，人与自然万物是一样的，不曾有人与自然万物的区别。由此，我们要从高于自然、改变自然、征服自然转向更新人的观念、调整人的行为、纠正人的错误，做到人与自然和谐共生。党的十九大报告指出，"我们要建设的现代化是人与自然和谐共生的现代化"。这是报告首次就当代中国现代化的"绿色属性"所给予的更加符合生态文明核心要义的界定，属于重大的理论创新和科学论断。

103."万物皆备①于我"，不独人尔，物皆然。（《二程集·河南程氏遗书》卷二）

　　【注】①备：具备；完备。

【译】世间万物的本性全都由天赋予了我，不仅人是这样，天地间的事物都是如此。

【解】二程说："'万物皆备于我'，不独人尔，物皆然。都自这里出去，只是物不能推，人则能推之。虽能推之，几时添得一分？不能推之，几时减得一分？百理俱在，平铺放着。几时道尧尽君道，添得些君道多，舜尽子道，添得些孝道多？元来依旧。"其核心思想是"万物一理"，这个统一的"理"就是物质世界和人类社会的根本。

从人类的视角来看，一切自然万物都为人所有；反过来，从万物的视角来看，人类则为万物所有。因此，我们应该把人类中心主义和非人类中心主义有机结合起来，学会换位思考，将心比心，以同情心正确处理人与自然万物的关系。

104.若夫至仁，则天地为一身，而天地之间，品物^①万形为四肢百体。（《二程集·河南程氏遗书》卷四）

【注】①品物：众类事物。

【译】具有最高仁德之人，视天地与己为一体，而天地中的万物则为自己的四肢。

【解】北宋理学家程颢和程颐认为，具有仁德之人视天地万物与己为一体，对于万物的存在与发展无不尊重、无不关爱，就如同爱护自己的四肢"百体"一样。二程把"仁"由人扩展到自然万物，希望自然万物都能茁壮成长。

从生态文明的维度来看，人与自然是生命共同体，而"仁"则是人对待自然应该遵循的伦理法则。人对于生态系统中的成员、要素，不能再以外在的对象视之，而应当作与自身紧密相关的命运共同体中的伙伴看待。人类应该展现泛爱自然万物的博大胸怀，以友善、珍爱与和谐的态度对待自然万物，牢固树立保护生态环境和节约自然资源的价值观念，积极承担保护自然的义务和责任，与自然万物互爱共存，努力促进人与自然和谐共生。

105.圣人之常①**，以其情顺万事而无情。（《二程集·河南程氏文集》卷二）**

【注】①常：长久，经久不变。

【译】圣人的常态，因为情感要顺应万事万物，所以没有自己的私情而显得无情。

【解】这句话出自程颢的《答横渠张子厚先生书》。程颢云："圣人之常，以其情顺万事而无情。故君子之学，莫若廓然而大公，物来而顺应。"其意思是圣人顺应自然，大公无私，没有自己的私情。

加强生态文明建设，领导干部必须秉持为人民谋福祉的崇高情怀，坚持尊重自然、顺应自然、保护自然的理念，而不能掺杂个人的利害、好恶、喜怒，真正做到大公无私、公而忘私。

106.明道先生①**曰："一命**②**之士，苟存心于爱物，于人必有所济。"（《近思录·政事》）**

【注】①明道先生：指北宋理学的奠基者程颢，生于1032年，卒于1085年，字伯淳，是哲学家、教育家和诗人。②一命：周代最低级别的官员。

【译】程颢先生说："即便是一个等级最低的官员，如果真的有心爱护万物，那么，他也必定会帮助困苦的人。"

【解】程颢世称明道先生，与其弟程颐并称"二程"，同为北宋理学的奠基者。他强调要以天地为大我，泛爱自然万物，认为这是"至仁"的境界。

保护生态环境，人人有责，领导干部更是责无旁贷，必须以身作则、带头垂范，在各自岗位上切实履行好生态环境保护的一岗双责。2017年5月26日，习近平总书记在主持第十八届中共中央政治局第四十一次集体学习时的讲话中强调："生态环境保护能否落到实处，关键在领导干部。要落实领导干部任期生态文明建设责任制，实行自然资源资产离任审计。"2018年5月18日，他在全国生态环境保护大会上强调："地方各级党委和政府主要领导是本行政区域生态环境保护第一责任人，对本行政区的生态环境质量负总责……各相关部门要履行好生态环境保护职责，谁的孩子谁抱，管发展的、管生产的、管行业的部门必须按一岗双责的要求抓好工作。"当前，各级党委和政府要着力贯彻落实环境保护主体责任，不断完善领导干部目标责任考核制度和环境监管过失责任追究制度，确保环境保护党政同责、一岗双责和失职追责落实落地落细。要紧紧抓住责任清单这个工作重心，按照"管发展必须管环保、管生产必须管环保、管行业必须管环保"的要求，出台各级部门责任清单，形成分工明确、环环相扣的"责任链"，把压力层层传导下去，构建齐抓共管、各负其责的大环保格局。同时，对造成生态环境污染、损害并负有直接责任和间接责任的领导干部，必须严肃追责。

107.仁者，天地生物之心。（《朱子语类》卷九十五）

【译】仁者是生生之道，与天地所生之物同理同心。

【解】朱熹指出："盖谓仁者，天地生物之心，而人物所得以为心，则是天地人物莫不同有是心，而心德未尝不贯通也。虽其为天地，为人物，各有不同，然其实则有一条脉络相贯。"在他看来，人道与天道是贯通的，人之德源于天之德，源于天道生生之理，天道生生之理使人有着与天相同的生生之"仁"德。

大自然衍生万物和人类，这是仁爱的表现。同理，人泛爱自然万物，也是仁爱的表现。人应该以仁爱之心尊重、顺应、爱护自然万物，努力实现人与自然万物和谐共生、共同发展。

108.仁是造化①生生不息之理。（《王阳明全集》卷一）

【注】①造化：自然界的创造者。

【译】仁，人心也，是大自然创造演化、生生不灭的天理。

【解】这句话见于《传习录》。《传习录》记载了明代大儒王阳明的语录和论学书信。王阳明说："仁是造化生生不息之理，虽弥漫周遍，无处不是，然其流行发生，亦只有个渐，所以生生不息。"其意思是天地自然化生养育万物和人，是天地生生之理的表现，也是天地之仁爱的体现。

自然万物生生不息，其中蕴含着仁爱的原理。当前，我们要牢固树立尊重自然、顺应自然、保护自然的生态文明理念，对自然资源永续利用，要动态把握人口、经济、社会、能量、资源、环境之间的平衡点，人口规模、产业结构、增长速度、经济效益不能超出当地资源承载能力和生态环境容量，以实现可持续发展。

109.心即天。（《王阳明全集》卷六）

【译】心就是理、性、命，是一切。

【解】这句话的原文是"人者，天地万物之心也；心者，天地万物之主也。心即天，言心则天地万物皆举之矣"。王阳明认为，心是一切的根本，"心外无理""心外无物"，本心是以天地万物为一体的。

加强生态文明建设，必须在尊重自然法则的基础上充分发挥人的主观能动性。当前，我们正处在人类文明发展的转折点上，由农业文明、工业文明转向生态文明，是人类文明发展的大势所趋。人类只有树立生态文明理念，正确处理人与自然关系，才能实现人与生态环境的和谐共生、协调发展。

110.大人^①者，以天地万物为一体者也。（《王阳明全集》卷二十六）

【注】①大人：指德行高尚、志趣高远的人。

【译】圣人和英雄，将大自然中的万物视为一个整体，人与万物是同此一气的。

【解】明代大儒王阳明说："大人者，以天地万物为一体者也。其视天下犹一家，中国犹一人焉。"他以良知为基础，以期达到天地万物为一体，实现社会大治。这表达了他对生民苦难的悲悯情怀。

生态环境是统一的自然系统，是各要素相互依存、相互贯通、紧密联系的有机链条。如果破坏了山、砍光了树、除光了草，也就破坏了水，山变秃了，水土流失、沟壑纵横，地就变成了不毛之地，河道淤积、水库淤塞，不仅影响农渔业生产，也严重威胁人类的生命安全。秉持人与自然万物是生命共同体的理念，就要从系统工程和全局利益寻求生态保护之道，统筹协调自然生态各要素，进行整体保护、宏观管控、综合治理，全息、全域、全程地开展生态文明建设。

111.自然者天地，主持^①者人。（《周易外传》卷二）

【注】①主持：负责掌握，处理。

【译】被称为自然的是天和地，在其间占有主导地位的是人。

【解】王夫之（1619年—1692年），明清之际的重要思想家，因晚年隐居衡阳石船山，后人称其为王船山。这句话出自王夫之所撰《周易外传》。在王夫之看来，人是自然的一部分，但人处于主导地位并有着独特价值。

人类必须依赖于自然界才能生存、生活和发展，但是，自然界的原始状态并不完全适合人的生存、生活和发展，人类可以通过各种实践活动合理改造自然来满足自身生存、生活和发展的需要。在这个过程中，人类的生存和发展影响并制约自然界，不断改变自然界，体现了人的主体性和能动性。

【道家】

112.天地不仁，以万物为刍狗①。（《老子》第五章）

【注】①刍狗：古代祭祀时用草扎成的狗。

【译】天地不妄为，让万物如祭祀中的草狗一样顺时而为。

【解】老子提出，天地本来是无爱憎之情的，尽管它化生和滋养万物，却不求万物的回报。圣人为百姓做事，以效法天地为皈依，不言"仁"，不争"仁"，并不希冀百姓的回报。

从大自然的角度来看，人与自然万物都是平等的、暂时存在的，终归化于虚无。万物生，万物灭，都是自然的事情。基于此，人处理自身与自然的关系，不要掺杂个人情感和利益倾向，应该顺其自然、为所当为。

113.天网恢恢①，疏而不失。（《老子》第七十三章）

【注】①恢恢：宽阔广大貌。

【译】自然的联系范围广阔无边，虽然宽疏但并不漏失。

【解】老子提出自然是至高无上的主宰，自然法则控制宇宙万物的演化，人道是从属于天道的，也必须遵循自然法则。后来，它比喻作恶多端的人终究会受到惩处。

大自然蕴含着无穷无尽的力量，任何违背自然规律的人和事物终究无法逃脱大自然的惩罚。如果人类不保持自身与自然的和谐、共生和统一，那就会危及自身的生存和发展。恩格斯早就提出了自然界"对人进行报复"以及"人类同自然和解"的问题，他指出："我们不要过分陶醉于我们人类对自然界的胜利。对于每一次这样的胜利，自然界都对我们进行报复。"马克思也认为，应当合理地调节人与自然之间的物质交换，在最无愧于和最适合人类本性的条件下进行这种物质交换。人类改造自然和利用自然，必须遵循客观规律，符合绿色发展的要求，走可持续发展道路，努力实现社会经济系统与自然生态系统之间的良性循环。基于此，习近平总书记多次强调，"人类对大自然的伤害最终会伤及人类自身"，"人类发展活动必须尊重自然、顺应自然、保护自然，否则就会遭到大自然的报复"。人因自然而生，自然因人而美，人与自然应该且必须是一种和谐共生关系。

114.爱人利物之谓仁，不同^①同^②之之谓大。（《庄子·天地》）

【注】①同：一样，没有差异。②同：将本质上不同的人或者事物同等看待。

【译】广泛地爱他人或者带给万物利益叫作"仁"，能将千差万别的不同事物混同就叫作"大"。

【解】这句话出自《庄子·外篇·天地》，其原文是："夫道，覆载万物者也，洋洋乎大哉！君子不可以不刳心焉。无为为之之谓天，无为言之之谓德，爱人利物之谓仁，不同同之之谓大，行不崖异之谓宽，有万不同之谓富。故执德之谓纪，德成之谓立，循于道之谓备，不以物挫志之谓完。"其意思是，爱护人民、普利万物是"仁"，把万物当作一体则是"大"，这是一种"心底无私天下宽"的崇高境界。

加强生态文明建设，目的就是提升民生水平和环境质量。习近平总书记指出："要坚持生态惠民、生态利民、生态为民，重点解决损害群众健康的突出环境问题，加快改善生态环境质量，提供更多优质生态产品，努力实现社会公平正义，不断满足人民日益增长的优美生态环境需要。"要满足人民日益增长的美好生活，离不开丰富的物质基础和良好的生态环境。二者相辅相成，缺一不可。

115.无以人灭天，无以故^①灭命。（《庄子·秋水》）

【注】①故：有心，存心。

【译】不要用人为的东西去毁灭自然，不要存心造作去毁灭自然的本性。

【解】庄子主张"道法自然"，自然界有其合理的安排和秩序，人应该遵循自然法则和按照事物本性以采取适宜的行动，而不能肆意改变、破坏和毁灭自然万物。谨慎地持守自然禀性而不丧失，这就叫作返归本真。

人类社会的发展，是以对自然资源的开发利用为基础的，但这种开发利用一定要有限度。如果超过自然资源的限度，人类社会的发展迟早也会陷入困境。当今世界出现的人口暴增、资源短缺、环境污染等全球危机，并不单纯是自然系统内部遭到的严重破坏，实际上也是人与自然关系的严重失衡，其实质是人对自然的肆意破坏、侵占和掠夺。

116.泛爱万物，天地一体也。（《庄子·天下》）

【译】博爱各种物类，因为天地万物都是一体的。

【解】道家认为："道生一，一生二，二生三，三生万物。"天地万物之所以是一体的，就在于天地万物皆由"道"化生而来。既然如此，人应该效法"道"，无差别地泛爱自然万物。

生态环境是统一的自然系统，是各要素相互依存而实现良性循环的自然链条，具有系统性、整体性和综合性的特征，某一要素遭受破坏往往带来其他要素的连锁反应。因此，必须以生命共同体理念引领生态保护与修复工作，从过去的单一要素保护修复，转变为以多要素构成为导向的生态服务功能提升及生态保护与修复，通过能量流动、物质循环和信息传递，促进生态系统健康和可持续发展。

【佛家】

117.同体①大悲。（《大乘本生心地观经》卷四）

【注】①同体：同一个身体。

【译】众生与自己是同一个身体，感受同一种苦难。

【解】这句话是佛教名言，在《大乘本生心地观经》《宗镜录》等佛教典籍中均有出现。佛教把生命分为有情众生与无情众生两种，人和动物属于有情众生，植物乃至山川大地属于无情众生。尽管众生存在差别，但其生命的本质是平等的。由此，人应该与众生同体不二、感同身受。

自然万物是生命共同体，人与自然万物感同身受，才能真正做到尊重自然、顺应自然、保护自然。人类应该以平等的眼光看待自然万物，以慈悲之心去善待自然万物。不仅如此，人类是命运共同体，人类共有一个家园，珍爱和呵护地球是人类的唯一选择，保护生态环境是全球面临的共同挑战、共同责任和共同使命，需要世界各国人民同舟共济、团结一致和共同努力，任何一国都无法袖手旁观、置身事外和独善其身。

118.诸余罪①中，杀罪最重；诸功②德中，不杀第一。（《大智度论》卷十二）

【注】①罪：罪恶，过错。②功：谓功德，能破生死，能得涅槃，能度众生。

【译】在众多的罪过中，杀生的罪孽是最重的；在所有的功业中，放生的功德排在首位。

【解】这句话见于佛教典籍《大智度论》，其作者为印度大乘佛教中观学派的创始者龙树。佛教坚决反对杀生，把敬畏生命、尊重生命、珍惜生命作为支配人的行为的道德准则。在行为规范上，佛教要求"不杀生""素食"和"放生"等。如果说"不杀生"是对生命尤其是动物的消极保护，那么，"放生"则是对生命尤其是动物的积极保护。这体现了佛教倡导众生平等、救济众生的慈悲精神。

其实，人并不比野生动物更加高贵，野生动物的生命都具有同样的价值，野生动物都有生存发展的权利。我们应该摒弃纯粹的人类中心主义，尊重野生动物的生存权利，不以任何形式危害它们的生存，坚决抵制人类为了自己的口腹之欲而随意杀害野生动物的恶性行为。

119. 凡杀生者，多为人食。人若不食，亦无杀事，是故食肉与杀同罪。（《大乘入楞伽经》卷六）

【译】凡是杀生，大多数是用作人的食物。如果人们不吃这些食物，也就没有杀生的事情发生，所以吃肉与杀生是同一种罪孽。

【解】佛教主张"不杀生"，把"杀生"视为"十种恶业"之一，希望通过对人类欲望尤其是口腹之欲的节制而实现对其他动物生命的保护。这些戒律不仅是对人与人关系的基本规定，也是对人与动物关系的硬性约束。

野生动物是人类的朋友，保护野生动物是保护生物多样性和维持生态平衡的重要内容。相反，非法猎捕、售卖、杀害、食用野生动物可能导致传播致命疾病和重大公共卫生危机，"非典"和新冠肺炎疫情的传播等事件都是深刻教训。近年来，很多地方政府相继出台了地方性法规，全面禁止食用野生动物，形成了时代新风。

120. 故六道①众生，皆是我父母。（《梵网经》）

【注】①六道：天人道、人道、畜生道、阿修罗道、饿鬼道、地狱道。
【译】所以在六道轮回中的所有生物，都是我的父亲和母亲。

【解】《梵网经》是印度大乘佛教戒律经典，为后秦鸠摩罗什（343年—413年）所译。《梵网经》说："一切男子是我父，一切女人是我母，我生生无不从之受生，故六道众生，皆是我父母，而杀而食者，即杀我父母，亦杀我故身。"其意思是，六道众生——天、人、阿修罗、畜生、饿鬼、地狱的生生世世都是轮回的。现在的六道众生，皆是我的过去父母。对待过去父母，必须心怀敬意，不能捕杀，不能食用。既然如此，就不能捕杀和食用现在的六道众生。

所有生物及其多样性是人类赖以生存的条件，是经济社会发展的战略资源。生物多样性与人类的生存、生活和福祉紧密相关，它不仅为人类提供了丰富的食物、药物、矿物、燃料等资源，而且在保持水土、调节气候、维持生态平衡等方面起着不可替代的重要作用，是人类社会实现可持续发展的支持系统。从这个角度来看，所有生物及其多样性就是人类的衣食父母，离开了生物系统及其多样性，人类的生存和发展就无从谈起。

【杂家】

121.夫古圣王之治也，至①德合乾坤，惠泽均造化，礼教优乎昆虫，仁恩洽②乎草木，日月所照，戴天履地含气有生之类，靡③不被④服清风，沐浴玄德。（《让禅第三令》）

【注】①至：极，最。②洽：沾湿，浸润。③靡：无，没有。④被：通"披"，覆盖。

【译】那些过去的圣人君王治理天下，盛德可与天地契合，恩泽都惠及自然，用礼教优待昆虫鸟兽，让草木沾染仁爱慈恩，那些被太阳月亮所照射，头顶着天、脚踏着地的蕴含生命之气的物类，没有不被清惠之风覆盖的，都沐浴在天德之中。

【解】曹丕（187年—226年），三国时期魏文帝，著名政治家、文学家。他在《让禅第三令》中说："夫古圣王之治也，至德合乾坤，惠泽均造化，礼教优乎昆虫，仁恩洽乎草木，日月所照，戴天履地含气有生之类，靡不被服清风，沐浴玄德，是以金革不起，苛慝不作，风雨应节，祯祥触类而见。"他提出以德治国不能只限于人类社会，其仁德和恩泽应该施及天地日月、草木山川、昆虫鸟兽等自然万物。

加强生态文明建设是治国理政的重要内容。治国理政的目标之一，就是要采取有效措施实现天地、人类与动植物之间的和谐相处、协调发展，使之共生共荣。党的十八大以来，以习近平同志为核心的党中央高度重视社会主义生态文明建设，坚持把生态文明建设作为统筹推进"五位一体"总体布局和协调推进"四个全面"战略布局的重要内容，坚持节约资源和环境保护的基本国策，坚持绿色发展、低碳发展和循环发展，把生态文明建设融入经济建设、政治建设、文化建设、社会建设的各方面、总布局和全过程，推动生态文明建设在重点落实中实现整体推进。

122.圣人治世，有一物不得其所①，若己推而置诸死地。（《宋朝事实》卷三）

【注】①所：位置，地位。

【译】圣人治理国家，有人或者物不能得到恰当的安置，如果自己推卸，则会使其处于无法生存下去的境地。

【解】《宋朝事实》是南宋承仪郎李攸所著，主要记载从北宋太祖建隆年间至北宋徽宗宣和年间的历史事件和典章制度，共六十卷。《宋朝事实》卷三说："圣人治世，有一物不得其所，若己推而置诸死地。羽虫不伤，则凤凰来；毛兽不伤，则麒麟出。"其意思是，治国理政应该使人尽其才、物尽其用、地尽其利、各得其所，而不能推卸责任、不作为或者乱作为。

生态文明建设任重道远，责任重于泰山。对于领导干部来说，有权必有责，有责必担当，失责必追究。党的十八大以来，明确要求落实领导干部生态文明建设责任制，严格考核问责，实行党政同责、一岗双责、依法追责、终身追责，推动绿色发展。对那些不考虑生态环境盲目决策、造成严重后果的人，必须追究其多重责任，而且应该终身追责，决不能让规章制度成为"没有牙齿的老虎"。2017年，按照中央纪委决定和甘肃省委、省政府批准，对祁连山国家级自然保护区生态环境问题先后问责100人，中管干部3人，地厅级干部21人，县处级干部45人，给予党纪处分39人、政务处分31人，移送司法机关2人。

【文学】

123.天生烝①民，有物有则。民之秉彝②，好是懿德。（《诗经·大雅·烝民》）

【注】①烝（zhēng）：众多。②彝（yí）：常理，法理。

【译】上天创造众民，都有它自己的规律和法则。民众秉持常规，喜好的是美德。

【解】《烝民》曰："天生烝民，有物有则。民之秉彝，好是懿德。天监有周，昭假于下。保兹天子，生仲山甫。"即是说，上天生下人民，既有事物又有法则；人民掌握法则，喜好崇高的美德。

人与自然和谐共生应该遵循相应的法则。当前，生态退化、环境恶化、气候变暖、资源短缺等严峻现实要求人类摒弃"征服自然"的观点，尊重自然、顺应自然、保护自然，树立、培育和践行生态文明理念。我们要严格按照绿色发展的要求，遵循人与自然和谐共生的法则，建设资源节约型、环境友好型社会，统筹人与自然和谐发展，促进人类社会可持续发展。

124.敦彼行苇①，牛羊勿践履②。方苞方体，维叶泥泥。（《诗经·大

雅·行苇》）

【注】①行苇：路边的芦苇。②践履：踩，踏。

【译】那些生长在路边的芦苇，牛和羊都不会乱去踩踏。它们正是含苞成形之时，叶儿正繁茂。

【解】这段话出自《诗经》，原文是："敦彼行苇，牛羊勿践履。方苞方体，维叶泥泥。戚戚兄弟，莫远具尔。或肆之筵，或授之几。"其意思是，芦苇丛生在一起，别让牛羊任意踩；芦苇含苞初成形，叶片湿润有光泽；同胞兄弟最亲密，不要疏远要热情；铺上竹席宴请客，端上桌几面前摆。

推进生态文明，加大生态保护与修复是重要途径。要按照功能规划，统一国土空间用途管制，将生态功能重要、生态环境脆弱以及其他有必要严格保护的区域，因地制宜设置各类自然保护地，纳入生态保护红线管控范围，实行整体保护、系统修复。党的十九大报告明确指出，建立以国家公园为主体的自然保护地体系，其目的是改革各部门分头设置、分割管理自然保护区、风景名胜区、森林公园、地质公园、文化自然遗产等体制，加强对重要生态系统的保护和利用。

125.食不毁器，荫①不折枝。（《戏瑕·不唾井》）

【注】①荫：乘凉。

【译】在桌上吃饭，不要毁掉餐具；在树下乘凉，不要折断树枝。

【解】这句话出自明代文学家钱希言的《戏瑕·不唾井》。中国古人很早就认识到保护环境的重要性，有"食不毁器，荫不折枝"的说法。爱护环境，人人有责，环境保护必须从"人伦日用"入手，在生活中践行之、磨炼之、成就之。

加强生态文明建设，必须融入实践养成，必须落细落小落实。习近平总书记强调：“要倡导环保意识、生态意识，构建全社会共同参与的环境治理体系，让生态环保思想成为社会生活中的主流文化。”只有将环保意识、生态意识时时处处融入日常生活、人际交往和社会活动之中，从细处入手，从小事做起，从实事抓起，让人们在实践中感知它、领悟它、践行它，才能推动生态文明的理念内化于心、外化于行。

【故事】

126.衔①环报恩。（《搜神记》）

【注】①衔：用嘴叼。

【解】《搜神记》是东晋史学家干宝所著，搜集了古代神异故事四百多篇。其中，有一故事说：“汉时弘农杨宝，年九岁时，至华阴山北，见一黄雀为鸱枭所搏，坠于树下，为蝼蚁所困。宝见愍之，取归，置巾箱中，食以黄花。百余日，毛羽成，朝去暮还。一夕三更，宝读书未卧，有黄衣童子向宝再拜曰：‘我西王母使者，使蓬莱，不慎为鸱枭所搏。君仁爱见拯，实感盛德。’乃以白环四枚与宝，曰：‘令君子孙洁白，位登三事，当如此环。’”

东汉时期，弘农杨宝在九岁的时候，在华阴山北看见一只黄雀被猫头鹰袭击，掉落于树下，被蝼蛄和蚂蚁困住。杨宝怜悯它，于是把黄雀取出来带回家，放在箱子里，用黄花喂它。大概一百余天后，黄雀的羽毛长好就飞走了，早上离开晚上又回来了。当晚，杨宝正在读书尚未休息，有一个黄衣童子来拜访他，说：“我是西王母的使者，出使蓬莱，不小心被猫头鹰所伤。您仁爱救了我，真心感谢您的大德。”于是，这位黄衣童子就送了杨宝四枚白环，说：“这个可以使您的子孙后代品行清白，位列三种官职。”

尊重生命、善待万物是人处理自身与自然万物关系应该遵循的基本准则。很多动物与人类一样，有着丰富的情感。狗、猫等高等动物就有羞耻之心和忠诚美德。1924年，秋田犬八公每天早晨都在家门口目送主人上野英三郎出门上班，临近晚上便到附近的涩谷火车站迎接他下班回家。一天，上野英三郎工作中突发疾病，经抢救无效后逝世，再也没有回到那个火车站，可是，八公依然忠实地等着他。其实，人类怜惜、善待、爱护动物，动物往往会作出相应的回报。中国古代有"羊有跪乳之恩，鸦有反哺之义"的说法，尽管其中掺杂迷信色彩，却也从一个侧面说明动物与人类应该且能够相惜相亲。

127.兽面①**人心。（《阅微草堂笔记》卷十）**

【注】①面：外表。

【译】野兽外形却有一颗人心。

【解】纪昀（1724年—1805年），字晓岚，清代直隶人，曾任《四库全书》总纂官，晚年著有记录鬼狐神怪故事的《阅微草堂笔记》，意在劝善惩恶。他在《阅微草堂笔记》卷十中讲过一个故事："舅氏张公梦征言：所居吴家庄西，一丐者死于路，所畜犬守之不去。夜有狼来啖其尸，犬奋啮不使前；俄诸狼大集，犬力尽踣，遂并为所啖。惟存其首，尚双目怒张，眦如欲裂。有佃户守瓜田者亲见之。又程易门在乌鲁木齐，一夕，有盗入室，已逾垣将出。所畜犬追啮其足。盗抽刃斫之，至死啮终不释，因就擒。时易门有仆，曰龚起龙，方负心反噬。皆曰程太守家有二异：一人面兽心，一兽面人心。"

人类与动物都有本性，都有可善可恶的可能性，在这一点上，人类并不比其他动物更加高贵。英国学者休谟（David Hume，1711年—1776年）充分认识到这一点，他说道："对于宇宙来说，人的生命并不比一只牡蛎更重要。"人类只有一个地球，地球上不只有人类。我们应该破除狭隘的人类中心主义，摒弃自身的傲慢和优越感，像"忠犬"一样培育美德，不断加强道德修养和提升综合素质。

128.以鸟养①养鸟。（《庄子·达生》）

【注】①鸟养：养鸟的办法。

【译】用养鸟的办法来养鸟。

【解】庄子曾经讲过一个故事：从前，有一只鸟落到鲁国郊外。鲁国国君喜欢它，杀牛宰羊喂它，演奏《九韶》来使它快乐。这只鸟开始头晕眼花、忧虑悲伤，不敢吃东西。庄子说："若夫以鸟养养鸟者，宜栖之深林，浮之江湖，食之以委蛇，则平陆而已矣。"他公开反对"以己养养鸟"，主张"以鸟养养鸟"。也就是说，如果用"鸟养"的办法来养鸟，就能应该让它住进深山老林，或者在江河湖泊上飘游，给它吃小鱼、泥鳅，让它随着鸟群一起作息，自由自在地居处。如果是这样，一块平常的陆地就使它安居乐生。

其实，自然万物自有其生存之道，人类必须以尊重自然、顺应自然、保护自然的方式去开发利用自然万物，而不能随意地把自己的意志强加于自然万物。否则，就会扰乱万物生长和破坏生态环境。一句话，以自然的方式对待自然。

消费篇

[共五十条]

　　中国传统生态消费观是中国古人为保障国家长治久安、家族存续与个人生存发展，以处理物质欲望与自然财富关系为核心问题，在长期实践中形成的消费理念与消费原则。中国古人以此来规范和指导国家、社会、家庭和个人合理消费，以使自身的消费行为既符合人们的生存生活需要，又符合生态发展的要求，不对生态环境造成破坏。在中国古代社会，生产力相对低下，生产水平有限，围绕生产——"取"与消费——"用"，中国古人形成了适度——"度"、节俭——"节"、可持续性——"足用"等消费观。中国古人还深刻认识到消费的生态性与个人修养、家族祸福和国家兴衰密切相关，提出"俭存奢失"，这也就是今天人们所指出的生态消费具有精神消费第一性特征的基本内涵。具体来说，中国古代生态消费观包括以下内容：

　　其一，消费产品的有限与人的欲望的无穷是消费行为中的基本矛盾。中国古人认识到消费产品主要来自自然界——"天生四时，地生万财，以养万物"。但是，源于自然的产品既有数量的限制，更有时间的限制，还受到动植物生长规律和人力有限的限制。《管子》指出"地之生财有时，民之用力有倦"，唐代政治家陆贽也指出"夫地力之生物有大数，人力之成物有大限"。人类实际上能够消费的物质虽然是有限的，但若为欲望所控制，则可以产生无穷尽的浪费，所谓"良田千顷，食不过一日三餐；广厦万间，睡不过三尺之榻"。因此，在资源环境限制无法改变，物力和人力的限制难以突破，而人的欲求却近乎无限的矛盾中，人类消费的总原则只能是合理满足欲望，而不能向自然无止境地索求。

　　其二，对于生态资源的保护，倡导健康合理的生活方式、禁止非必要的消费需要才是最有效与最根本的举措。尤其在动物保护方面，中国古人认识到唯有减少买卖，才能从根本上避免动物被杀戮。唐宋时期，社会上流阶层一度流行戴鹿胎冠子，导致大量怀孕的母鹿被猎杀。宋仁宗认识到这种时尚将给鹿类动物带来灭顶之灾，并有伤社会伦理，乃下诏禁止。从此之后，因为社会不再消费鹿胎，而采捕者亦绝。

其三，在个人层面上，主张淡泊寡欲、清静节俭以修养心性的消费伦理原则。为了与传统农业及其有限的物质生产能力相适应，中国古代各家各派的思想家都主张淡泊寡欲和勤俭节约的生活方式。老子指出："我恒有三宝，持而宝之：一曰慈，二曰俭，三曰不敢为天下先。"又说"见素抱朴，少私寡欲"，"去甚、去奢、去泰"。孔子也指出"君子食无求饱，居无求安"，"奢则不孙，俭则固。与其不孙也，宁固"。墨家更是提倡薄葬、节用。宋明理学兴起后，更是从理欲之辨和惜福护生的角度反思个人和社会消费，主张淡泊寡欲以修养心性的生态消费。张载指出："湛一，气之本；攻取，气之欲。口腹于饮食，鼻舌于臭味，皆攻取之性也。知德者厌而已，不以嗜欲累其心，不以小害大、末丧本焉尔。"他从人性修养的角度，提出不以嗜欲累心的消费原则。

其四，在社会层面上，主张适度消费金银器具和珠玉等奢侈品可促进社会生产、济人利物。《管子》认为人们本性上追求物质享受和珍稀贵重之物，对维护社会的正常运行也是有益的。他指出："饮食者也，侈乐者也，民之所愿也。足其所欲，赡其所愿，则能用之耳。"饮食、侈乐是人们的愿望，满足他们的欲求和愿望，就可以用好人力。"伤心者不可以致功"，心情不舒畅的人们搞不好生产。《菜根谭》指出，"忧勤是美德，太苦则无以适性怡情；淡泊是高风，太枯则无以济人利物"，又认为"念头浓者，自待厚，待人亦厚，处处皆浓；念头淡者，自待薄，待人亦薄，事事皆淡。故君子居常嗜好，不可太浓艳，亦不宜太枯寂"。凡此都是主张适度的消费对于经济社会发展是必要的和有用的。

其五，在国家层面上，主张量入为出、取之有度、用之有节的消费原则。《管子》指出国家建立制度的一个重要方面就是要节制各个阶层的消费："度爵而制服，量禄而用财。饮食有量，衣服有制，宫室有度，六畜人徒有数，舟车陈器有禁。"荀子指出，如何消费财物事关国家治乱，"强本而节用，则天不能贫。"唐代陆贽总结说："取之有度，用之有节，则常足；取之无度，用之无节，则常不足。生物之丰败由天，用物之多少由人，是以圣王立程量入为出，虽遇灾难，下无困穷。理化既衰，则乃反是，量出为入，不恤所无。"

中国传统生态消费思想内容丰富，古人的实践和理论思考所及提出了很多对今人仍十分有意义的思想和观念。尤其是中国古人在生态消费与人的心性修养关系方面的探讨，更是有今人未曾体验也难以达到的境界。今天，我们应当认真汲取和借鉴中国古人的生态消费理念，为消解日益紧迫的生态危机打开思路和贡献每个个体的力量。

【儒家】

129.位①不期②骄，禄不期侈。恭俭惟德，无载尔伪。（《尚书·周官》）

【注】①位：职位。②期：希冀。

【译】身居高官不应当骄横，享有厚禄不应当奢侈，恭敬和节俭是美德，所作所为不要虚伪。

【解】《尚书》是儒家经典之一，其最早名为《书》，是《今文尚书》和《古文尚书》的合编本，现存版本中真伪参半。"尚"通"上"，《尚书》就是上古时期的书，它是我国最早的一部历史文献汇编。

《尚书·周官》记载："王曰：'呜呼！凡我有官君子，钦乃攸司，慎乃出令。令出惟行，弗惟反。以公灭私，民其允怀。……位不期骄，禄不期侈。恭俭惟德，无载尔伪。作德，心逸日休；作伪，心劳日拙。居宠思危，罔不惟畏，弗畏入畏。推贤让能，庶官乃和，不和政厖。举能其官，惟尔之能；称匪其人，惟尔不任。'"这是周成王灭淮夷、回到王都丰邑后对臣下的告诫，从各个方面提出治国理政的要求。上面这句话主要强调官员需保持廉洁的作风，要形成廉洁的价值观。无论处于怎样的高位，都应该奉行节俭的治国政策。官员要做到廉洁，除了法律法规的约束，最重要的是内心的自律。2018年5月18日，习近平总书记在全国生态环境保护大会上强调："每个人都是生态环境的保护者、建设者、受益者，没有哪个人是旁观者、局外人、批评家，谁也不能只说不做、置身事外。"节俭不仅是美好的德行，更关乎国家长治久安。提倡消费节俭的观念和行为，不仅能够保护生态环境，也能控制人们内心不知餍足的欲望，达到修身养性的目的。因此，将节俭上升到道德层面，希望人们都能够养成节俭的习惯。

130.君子食^①无求饱，居^②无求安^③。（《论语·学而》）

【注】①食：饮食。②居：居处。③安：安逸。

【译】君子吃饭不要求饱足，居住不要求安逸舒适。

【解】《论语·学而》曰："子曰：'君子食无求饱，居无求安，敏于事而慎于言，就有道而正焉，可谓好学也已。'"朱熹《论语集注》注释曰："不求安饱者，志有在而不暇及也。"孔子认为，吃饭与居住都是手段而不是目的。在面对生活水平这一生存话题时，孔子所描述的君子是无求饱足、无求安逸的，君子并不会将过多的心思和财力放在物质需求的满足上，极低的消费欲望与外在的物质需求都是为了能够将更多的精力集中于内在的精神追求上，以期能够更加专注于学问精进和道德修养。相对外在的物质追求来讲，儒家认为内在的道德修养更为重要，这是儒家一以贯之的思想。比如孟子所言："欲贵者，人之同心也。人人有贵于己者，弗思耳。人之所贵者，非良贵也。赵孟之所贵，赵孟能贱之。《诗》云：'既醉以酒，既饱以德。'言饱乎仁义也，所以不愿人之膏粱之味也；令闻广誉施于身，所以不愿人之文绣也。"孟子认为，追求富贵是人类合理的需求。富贵又可以分为两类：一类是"贵于人"，即别人给予的富贵，这种富贵要依赖于别人，是外在的。他能够给予你富贵，自然也能剥夺你的富贵；另一类富贵是"贵于己"，是自己的道德修养，这种富贵不依赖外在的援助，完全可以自我作主，是天爵良贵。一切外在的物质财富，在此天德良贵面前都是微不足道的，就好像一个人精神上被道德充实就不会羡慕别人的山珍海味；一个人有很好的声誉，就不会羡慕别人华美的衣服一样。

儒家的消费观念并不排除合理的生理需求，因此，儒家不是禁欲主义者，那种苦行僧一样的生活，儒家是并不认同的。儒家也不是纵欲主义者，而是以理性的态度将消费纳入道德的统辖引领之下，以道德引导消费，以合理消费提升道德修养。习近平总书记在党的十九大报告中指出，要"倡导简约适度、绿色低碳的生活方式，反对奢侈浪费和不合理消费，开展创建节约型机关、绿色家庭、绿色学校、绿色社区和绿色出行等行动"，与中华民族崇尚节俭的优良传统一脉相承。

131.奢①**则不孙，俭**②**则固**③**。与其不孙**④**也，宁固。（《论语·述而》）**

【注】①奢：奢侈。②俭：节俭。③固：寒怆。④孙：谦逊。

【译】奢侈豪华就显得骄傲，省俭朴素就显得寒怆。与其骄傲，宁可寒怆。

【解】孔子认为，根据日常经验的观察，一般来说奢侈的人比较傲慢，俭朴的人较为寒酸。这两种消费态度都有偏差，过于奢侈与过于简朴都不符合中庸之道，可是两害相衡，孔子认为与其奢侈傲慢，还不如简朴寒酸。孔子的这个思想对后世影响很大，比如颜之推《颜氏家训》曰："孔子曰：'奢则不孙，俭则固。与其不孙也，宁固。'又云：'如有周公之才之美，使骄且吝，其余不足观也已。'然则可俭而不可吝已。俭者，省约为礼之谓也。吝者，穷急不恤之谓也。今有施则奢，俭则吝，如能施而不奢，俭而不吝，可矣。生民之本，要当稼穑而食，桑麻以衣，蔬果之畜，园场之所产，鸡豚之善，坫圈之所生，爰及栋宇、器械、樵苏、脂烛，莫非种殖之物也。至能守其业者，闭门而为生之具以足，但家无盐井耳。今北土风俗率能躬俭节用，以赡衣食，江南奢侈，多不逮焉。"在物质享受上奢侈豪华会让人变得骄傲，而过于俭省则会让人显得寒酸，这两种生活消费态度都不是崇尚中庸之道的儒家所提倡的。但是比起节俭，奢侈生活带来的危害更大。党的十八大以来，以习近平同志为核心的党中央出台"八项规定"，要求党员干部以身作则、率先垂范，坚决反对以奢为荣、追求享乐、讲面子、讲排场等错误价值观，大力倡导和弘扬勤俭、节约的中华民族优良作风，营造出崇尚节俭的社会氛围。

132.大圭①不琢，大羹②不和，大路素而越席，牺尊③疏布鼏④，樿杓⑤。此以素为贵也。（《礼记·礼器》）

【注】①大圭：天子奉以朝日月所用，长三尺，是圭中最为尊贵者。②大羹：不加任何佐料调和的肉汤。③牺尊：牺牛形状的尊，盛酒祭天的礼器。④鼏：覆盖。⑤樿杓：用白色花纹的樿木做成的酒杓。

【译】大圭不雕饰，大羹不加佐料调和味道，祭天用朴素的大路车和蒲席，祭天盛酒的牺尊上用粗布覆盖，用白纹的樿木做舀酒杓，这些都是以朴素为贵的例子。

【解】《礼记·礼器》曰："有以素为贵者：至敬无文，父党无容，大圭不琢，大羹不和，大路素而越席，牺尊疏布鼏，樿杓。此以素为贵也。孔子曰：'礼，不可不省也。礼不同、不丰、不杀。'此之谓也。盖言称也。"孔子认为行礼不可不注意礼器规格。礼的种类繁多，礼器规格不可随意增加，也不能随便减少，礼器规格必须与具体的行礼需求相配合。具体到祭天这样重要的礼仪中，朴素是主导风格。这在客观上引导社会合理利用资源、不铺张浪费，也在一定程度上限制着个人物欲的膨胀，在消费上以实用为导向，而不以奢华为追求。这样崇俭去奢、以朴素为美的观念影响至今，成为中华民族的传统美德。

艰苦奋斗、勤俭节约是中华民族的传统美德，也是中国共产党的优良作风。习近平总书记在党的二十大报告中指出："全党同志务必不忘初心、牢记使命，务必谦虚谨慎、艰苦奋斗，务必敢于斗争、善于斗争，坚定历史自信，增强历史主动，谱写新时代中国特色社会主义更加绚丽的华章。"在自己的岗位上艰苦奋斗，做出成绩，杜绝享乐主义和奢靡之风，这样朴素的光辉不亚于任何华服珠宝。

133.故礼之不同也，不丰也，不杀也，所以持①情而合危②也……用水、火、金、木、饮食必时③。（《礼记·礼运》）

【注】①持：维持。②危：自我警惕。③时：时节，这里作动词用，符合时节。

【译】礼有种种的不同，不可以增加，不可以减少，借以维持（贵贱不同的）人情，而保持自我警惕之心……用水、火、金、木等生活资源和饮食，都要顺应时节。

【解】《礼记·礼运》曰："故礼之不同也，不丰也，不杀也，所以持情而合危也。故圣王所以顺，山者不以居川，不使渚者居中原，而弗敝也。用水、火、金、木、饮食必时，合男女，颁爵位，必当年德，用民必顺。故无水旱昆虫之灾，民无凶饥妖孽之疾。故天不爱其道，地不爱其宝，人不爱其情。故天降膏露，地出醴泉，山出器车，河出马图，凤凰麒麟皆在郊椒，龟龙在宫沼，其余鸟兽之卵胎，皆可俯而窥也。则是无故，先王能修礼以达义，体信以达顺，故此顺之实也。"其意思是，治理天下要顺应自然规律，正如山地的百姓不能违背其规律，强制他们住到河边去，也不能把水边的百姓搬迁到中原旱地去。

礼制是儒家的重要主张，确定了不同阶级的资源分配与物质消费之不可逾越的限制。因此，并非有经济能力之人就能够肆意消费所有的物质资源，这在一定程度上防止了资源浪费和物欲膨胀。而生活资源和饮食消费都应顺应时节而用，这样的倡导也避免了生态破坏。到了今天，追求在个人经济实力范围之内的物质消费看似个人自己的事情，但亦应注意不要造成资源浪费和生态破坏。

134.取之有时①，用之有节②。（《四书章句集注》）

【注】①时：时节。②节：节制。

【译】获取自然之物必须根据其生长的时节，利用自然之物必须有节制。

【解】《孟子·尽心上》云："孟子曰：'君子之于物也，爱之而弗仁。于民也，仁之而弗亲。亲亲而仁民，仁民而爱物。'"如何"爱物"？朱熹《四书章句集注》曰："物，谓禽兽草木。爱，谓取之有时，用之有节。"这里的"取之有时"，主要强调顺时而为，什么时节获取什么自然资源，与唐代陆贽《均节赋税恤百姓六条》中所说的"取之有度，用之有节"意有不同。人在生存、生产和生活中，与自然最重要的关系就是"取"和"用"，根据自然万物生长的时节获取自然万物并有节制的利用，才能保证自然万物的可持续性，实现人与自然的长久和谐相处。这种对自然万物的合理获取与利用就是古代儒家对合理开发利用自然资源的表达，是中国古人"可持续发展观"的重要体现。习近平总书记在全国生态环境保护大会上的讲话中强调：生态环境问题归根结底是发展方式和生活方式的问题。要把经济活动、人类行为限制在自然资源和生态环境能够承受的限度内，给自然生态留下休养生息的时间和空间。

135.节用御①欲②，收敛蓄藏以继之也，是于己长虑顾后。（《荀子·荣辱》）

【注】①御：控制，抑制。②欲：欲望。

【译】节约费用、抑制欲望、收聚财物、贮藏粮食以便继续维持以后的生活，这是为了自己的长远打算，顾及今后生活。

【解】《荀子·荣辱》曰："人之情，食欲有刍豢，衣欲有文绣，行欲有舆马，又欲夫余财蓄积之富也。然而穷年累世，不知不足，是人之情也，皆人之所贵也。今人之生也，方多蓄鸡狗猪彘，又蓄牛羊，然而食不敢有酒肉；余刀布，有囷窌，然而衣不敢有丝帛；约者有筐箧之藏，然而行不敢有舆马，是何也？非不欲也，几不长虑顾后，而恐无以继之故也。于是又节用御欲、收敛蓄藏以继之也，是于己长虑顾后，几不甚善矣哉！今夫偷生浅知之属，曾此而不知也。粮食大侈，不顾其后，俄则屈安穷矣。是其所以不免于冻饿，操瓢囊为沟壑中瘠者也。"这是一种可持续的消费观。千百年来，往后生活的质量、子孙后代的福祉一直是中国古人进行消费的重要考量，为求源远流长的繁荣而节制自己当下的消费欲望，节省用度以达到长久享受才被认为是理智的消费观。在超前消费观愈益盛行的今天，中华传统文化中长虑顾后消费观的重要意义更加凸显出来。习近平总书记曾多次强调，"在资源利用上线方面，不仅要考虑人类和当代的需要，也要考虑大自然和后人的需要"，要"为子孙后代留下可持续发展的'绿色银行'"。

136.夫天地之生万物也，固①有余足以食人矣。（《荀子·富国》）

【注】①固：本来，原来。

【译】天地出产万物，本来供人食用是足够的。

【解】荀子提出，只要善加治用，自然万物本来可以足够为人的衣食之用。荀子认识到人的欲望的近乎无限与物的有限之间的矛盾，乃是人群之中纷争攘夺、彼此伤害的根源，由此，他提出以礼制欲，以维持人类欲望与自然资源之间的平衡。为了解决人类物质生活需要与自然资源之间的矛盾，荀子提出了多种途辙。除了人自身的节欲之外，对于自然资源的增殖亦为重要路径。可见，荀子对生态环境之于人的经济价值的认识，既是积极乐观的，又是辩证的，而且强调人在开发利用生态环境中要充分发挥自己的主体能动性。

现代社会是消费主义社会，"消费就是幸福"，人们为了片面追求享乐往往消耗过多的食品、材料和能源，实际上更多的是消费产品的符号价值而不是使用价值。问题在于，过度消费加剧了生态环境的压力，一旦突破生态环境的承载能力就会对生态环境造成严重危害。例如，由于长江刀鱼被过度捕捞，使其种群数量大幅减少，甚至濒临灭绝，对长江整体水生生态系统造成不良影响。由此可见，要想减少人类消费对生态环境的影响，"必须加快推进生活方式绿色化，倡导简约适度、绿色低碳的生活方式，反对奢侈浪费和不合理消费"，降低能耗、物耗，努力实现生活方式和消费模式向勤俭节约、绿色低碳、文明健康的方式转变。

137.知德者属厌①而已，不以嗜欲②累其心，不以小害大、末丧本焉尔。（《正蒙·诚明》）

【注】①厌：满足。②嗜欲：耳、目、鼻、口等感官所滋生的贪欲。

【译】那些明白大德的人对于外物，不过适足而已，不让过分的嗜欲连累其本善之心。本心是根本，是大端，嗜欲是末端，是细节。他们不会因小害大，不会因末节丧失根本。

【解】这句话出自张载《正蒙·诚明》："湛一，气之本；攻取，气之欲。口腹于饮食，鼻舌于臭味，皆攻取之性也。知德者属厌而已，不以嗜欲累其心，不以小害大、末丧本焉尔。"其意思是，物质欲望的过度膨胀会侵蚀本心，从而做出一些违背道德甚至法律之事，影响个人成长和社会发展。这种现象不仅存在于古代社会，在当代社会亦不少见。适度消费即不过度追求物质欲望的满足，这不仅是经济层面的考量，也是为人之幸福考虑，对于当代人在物欲横流的社会中维护内心之纯真具有重要的指导意义。在自己经济能力可承担的前提下进行理性消费，人的物质欲望可得到适度满足，若是超前消费则会带来负面影响，一些人因此而身陷网贷、裸贷风波，甚至家破人亡。过度追求超出自己能力范围的物质欲望，只会成为生活的枷锁。一个人欲壑难填之时，便会走上谋取不义之财、胡作非为的道路，最终导致本心的迷失与自我的毁灭。

138."饥食渴饮，冬裘①夏葛②。"若致些私吝心在，便是废天职。（《近思录·克己》）

【注】①裘：皮衣。②葛：葛布做的衣服，夏天衣服的代称。

【译】"饥饿时饮食，口渴时喝水，冬天穿裘衣以避寒，夏天穿葛衣以避暑。"这些都是人的自然需求。但若是心存私欲，人们便不再满足于人的正常需求了。

【解】《近思录·克己》曰："'饥食渴饮，冬裘夏葛。'若致些私吝心在，便是废天职。""饥食渴饮，冬裘夏葛"即"天职"，也就是人的天性，是人们对于生存所必需的物质资料的正常需求，这种需求是自然赋予的，合乎"天理"。与之相比，人类对于超出自己生存所需物质欲望的追求则并不合乎天理，而是出于人性的贪婪，出于"人欲"。欲望无穷而物力有限，人类只有克制自己"过度消费"的欲望，才能实现合乎自然的发展。

众所周知，知足以常乐是中国古人的价值共识。《老子》曰："祸莫大于不知足，咎莫大于欲得，故知足之足，常足矣。"《论语》载："不义而富且贵，于我如浮云。"诚然，消费虽是拉动经济增长的"三驾马车"之一，但这并不意味着就要盲目鼓励消费，唯有合理消费、适度消费和绿色消费才是推动经济更好更快增长的正道。

139.凡人欲①之过者，皆本于奉养②。其流之远，则为害矣。（《近思录·克己》）

【注】①人欲：人的本能欲望。②奉养：饮食起居。

【译】大凡人的过分物质欲望，本皆来源于正常的奉养。其流变离根本远了，就成为毒害。

【解】这段话出自朱熹、吕祖谦所编撰《近思录》："损者，损过而就中，损浮末而就本实也。天下之害，无不由末之胜也。峻宇雕墙，本于宫室。酒池肉林，本于饮食。淫酷残忍，本于刑罚。穷兵黩武，本于征讨。凡人欲之过者，皆本于奉养。其流之远，则为害矣。先王制其本者，天理也。后人流于末者，人欲也。损之义，损人欲以复天理而已。"人们对于物质的追求原本是出于生存的需要，这是十分正当的，然而有些人对物质的欲求，已经背离了谋生的需要，全然为了占有，流毒无穷。这句话启示我们，物力有限而人欲无穷，若是不克制自己的欲望，无限地向自然索取，必然会导致自然资源的耗尽，进而威胁到人类自身的发展。

140. "慎①言语"以养其德，"节②饮食"以养其体。（《近思录·存养》）

【注】①慎：谨慎。②节：节制。

【译】慎言语以存养自己的德行，节饮食以保养自己的身体。

【解】这句话出自朱熹、吕祖谦所编撰《近思录》："'慎言语'以养其德，'节饮食'以养其体。"常言道，病从口入，祸从口出。诸多事情中与自身最切近而关系又最大的，没有超过言语和饮食的。在日常生活中，人们应该言语谨慎，不出口伤人，待人接物有礼有节，培养自己的美德；饮食需加节制，不可过分追求口腹之欲而暴饮暴食，这样才能保养自己的身体。中国古人认为，言谈、饮食之中包含着深刻的养生道理，对我们的生命有重要影响。因此才有，"慎言语"以养心，培养自己的德行；"节饮食"以养身，身体强健方可担大任，修身与养性密不可分的说法。这其实也体现出古人克制、节欲的养身之道，对于身处繁华社会而常常放纵欲望的当代人具有借鉴意义。

141. 动息节宣，以养生①也；饮食衣服，以养形②也；威仪行义，以养德③也；推己及物，以养人④也。（《近思录·存养》）

【注】①养生：保养生命。②养形：保养身体。③养德：涵养道德。④养人：教育熏陶他人。

【译】动静之间要节制言语，用以养生；饮食和衣服，用来保养形体；庄严的容貌举止、正确的行为，用来涵养德行；推己及物，用来养育他人。

【解】《近思录·存养》曰："动息节宣，以养生也；饮食衣服，以养形也；威仪行义，以养德也；推己及物，以养人也。"在这里，北宋理学家程颐从养生、养形、养德、养人四个方面，提出了颐养之道。在他看来，一是要"动息节宣"以养生，活动要有节制，休息时不要说话；二是注重饮食衣服以养形体。在吃饭方面做到不浪费、不胡吃海喝，以营养需要为主，有利于保持健康的身体；在穿衣方面做到干净、整洁、合体，保持良好的形象；三是注重神态庄重、威严以养德。有德之人，往往庄重、威严，令人肃然起敬。当然，仅有威严的仪态只是外在的一面，还必须"行义"，从行为上多做仁义之事，来培养良好的道德；四是推己及物、设身处地为别人着想，爱护天下之人。中国古人这里说的"养人"，不是狭隘的养生之道，而是爱护、保护天下万民，这是包括了养生、养形、养德到养天下万民的更广大的"颐养之道"。

142.饮食者，天理①**也。要求美味，人欲也。（《朱子语类》卷十三）**

【注】①天理：宋代理学家认为伦理是客观存在的道德法则，称之为天理。

【译】正常的饮食是天理，山珍海味般的挥霍是人欲。

【解】这段话出自《朱子语类》："问：'饮食之间，孰为天理，孰为人欲？'曰：'饮食者，天理也；要求美味，人欲也。'"理欲之辨是中国思想史上的古老命题。朱熹承认"人欲"的客观存在，但反对过分的欲望。他认为"人欲"出于"私心"，"天理"出于"道心"，当依"天理"去克制"人欲"。比如饮食，本是人生存的自然要求，若过分追求山珍海味的享受，轻则浪费财力物力，重则导致对某些动物的杀戮，甚至破坏生态平衡等等。

相对于人类与自然的关系来说，人类应该合理地满足自己的物质需求，克制自己的欲望，不能向自然过度索取。"美食"虽能带给我们味蕾的享受，但为满足食欲而破坏自然生态的行为，定会遭到大自然的报复。习近平总书记在2020年4月10日中央财经委员会第七次会议上的讲话中指出："第一次工业革命以来，人类利用自然的能力不断提高，但过度开发也导致生物多样性减少，迫使野生动物迁徙，增加野生动物体内病原的扩散传播。21世纪以来，从非典到禽流感、中东呼吸综合征、埃博拉病毒，再到这次新冠肺炎疫情，全球新发传染病频率明显升高。只有更好平衡人与自然的关系，维护生态系统平衡，才能守护人类健康。"要守护人类健康，首要的就是敬畏自然，尊重和我们共同生活在地球上的其他物种，拒绝"山珍野味"，倡导绿色生活，维持生态整体平衡。

【道家】

143.见素①抱朴②，少私寡欲。（《老子》第十九章）

【注】①素：未染色的丝娟。②朴：未雕琢的木材。

【译】保持质朴，减少私欲。

【解】《老子》第十九章："绝圣弃智，民利百倍；绝仁弃义，民复孝慈；绝巧弃利，盗贼无有。此三者以为文不足，故令有所属：见素抱朴，少私寡欲。绝学无忧。"不被物质利益所束缚，才能身心自由，这即是道家所追求的无欲无为的境界。减少自己的消费欲望，既能有效地节省自然资源，也可以修身养性。可见，老子提倡保持素朴、少私寡欲的社会风气，与现代生态消费的主张不谋而合。我们要坚决制止浪费行为，培养勤俭节约的美德。

144.去甚①，去奢，去泰②。（《老子》第二十九章）

【注】①甚：超过，极端。②泰：太过，骄纵。

【译】（圣人治世）要去除极端的、奢侈的、过度的举措。

【解】《老子》第二十九章曰："将欲取天下而为之，吾见其不得已。天下神器，不可为也，为者败之，执者失之。故物或行或随，或嘘或吹，或强或羸，或挫或隳。是以圣人去甚，去奢，去泰。""去甚，去奢，去泰"本指圣人治理国家的政治措施，推而广之，它也是一切人的行为都需要遵守的基本原则。李商隐的《咏史》诗中有："历览前贤国与家，成由勤俭破由奢。"过度的铺张浪费会让个人与社会陷入灾难。做任何事都要适可而止，生活消费禁止过于奢侈，行为思想避免趋于极端。淡泊名利，减少欲望，恢复自然清净的状态，这是个人消费所应持有的观念。同样，社会治理也应该对各个阶层的消费有明确的限制，否则国家也会陷入混乱之中。

145.不欲以静，天下将自定①。（《老子》第三十七章）

【注】①定：安定。

【译】人没有贪欲就可以安静，如此，天下自然就安定了。

【解】在老子看来，少私寡欲是人与自然相处的调适之道。他反复强调，天下最大的祸患莫过于不知足，最大的罪过莫过于贪得无厌。好名之人必为虚名所累，逐利之人必为贪欲所困。相反，人没有贪欲，就可以保持内心的安静，就不会为了追逐名利而纷争豪夺，天下也就安定了。人类的欲望必须适度，人类清静无为，社会和自然才会安定。进入工业革命以后，人类疯狂地掠夺大自然，污染空气、土壤和河流，把地球弄得千疮百孔，也威胁到人类未来的生存和发展。在此情形下，为了持续发展和长远利益，人类必须克制自己的欲望，不能任意干扰、损害和破坏生态环境，还自然以宁静、和谐、美丽。

146.甚爱必大费，多藏必厚亡①，知足不辱，知止不殆②，可以长久。（《老子》第四十四章）

【注】①亡：损失。②殆：危险。

【译】过分的贪爱就必定产生重大的消耗；过多的藏货就必定会招致惨重的损失。所以知道满足就不会受到屈辱，知道适可而止就不会带来危险，这样才可以保持长久。

【解】《老子》第四十四章中有："名与身孰亲？身与货孰多？得与亡孰病？甚爱必大费，多藏必厚亡。知足不辱，知止不殆，可以长久。"世间之人大多贪爱名利，欲得而不顾失。外界的物质与自身的生命需求应该处于平衡状态，达到可以延续自身生命的适度状态就可以得到内心的平静与满足。过度消费意味着对物质过度的索求与执着，会消耗人的精气神，无止境的欲望更会将人推向毁灭的深渊。反之，适度的消费和内心的满足能够让人处于平和的生命状态，这是哲人的消费观和人生观。

147.祸莫大于不知足，咎①莫大于欲得，故知足之足，常足矣。（《老子》第四十六章）

【注】①咎：灾祸，罪过。

【译】祸患没有过于不知足的了，罪过没有过于贪得无厌的了。所以懂得满足的这种满足，将是永远的满足。

【解】《老子》第四十六章曰："天下有道，却走马以粪；天下无道，戎马生于郊。祸莫大于不知足，咎莫大于欲得，故知足之足，常足矣。"寡欲与知足是互相联系、不可分割的，适度地控制自己的消费欲望是理性的生态消费观。在物质资源有限的前提下，过度的欲求不仅会毁坏生态环境，也会对个人的道德修养造成消极影响。外在的物质财富再多，不知足的心理仍然会给人带来无穷的祸患。放纵的欲望是无法得到满足的，内心如果一直为外物所扰，则不会得到安宁。所以说，淡泊寡欲的心态是消费中应持有的原则，节俭是消费美德，知足是消费智慧。无产阶级革命家方志敏（1899年—1935年）在狱中写下《清贫》一文："清贫，洁白朴素的生活，正是我们革命者能够战胜许多困难的地方！"周恩来总理曾告诫领导干部要过好生活关，物质生活方面应该知足常乐，"要使艰苦朴素成为我们的美德"。习近平总书记一直提倡"厉行节约、反对浪费"的社会风尚，多次强调要制止浪费行为。

148.我有三宝①，持②而宝③之：一曰慈④，二曰俭⑤，三曰不敢为天下先。（《老子》第六十七章）

【注】①三宝：三件宝贝。②持：保持。③宝：珍惜。④慈：慈爱。⑤俭：节俭。

【译】我一直拥有三件宝贝，保持并珍视它们：第一是慈爱，第二是俭约，第三是不敢争先走在天下人的前面。

【解】《老子》第六十七章曰："天下皆谓我道大，似不肖。夫唯大，故似不肖。若肖，久矣其细也夫！我有三宝，持而保之：一曰慈，二曰俭，三曰不敢为天下先。慈故能勇，俭故能广，不敢为天下先，故能成器长。今舍慈且勇，舍俭且广，舍后且先，死矣。夫慈，以战则胜，以守则固。天将救之，以慈卫之。"老子所提出的节俭法则在物质生产与消费急剧发展的今天依然具有其价值，物质的极度丰富并不意味着节俭已经失去了作用，正相反，节俭才能使国力更加富强。老子说"俭故能广"，想要广有就必须从节俭开始，是任何时代都适用的真理。这一名言充分体现了老子哲学中"俭"的要求。

149.鹪鹩①巢②于深林，不过一枝；偃鼠③饮河④，不过满腹。（《庄子·逍遥游》）

【注】①鹪鹩：小鸟，俗称"巧妇鸟"，好深处而巧为巢。②巢：筑巢。③偃鼠：一名隐鼠，又名鼢鼠，即田野地行鼠。④饮河：在河里喝水。

【译】小鸟在深林里筑巢，所需不过一枝；偃鼠到河里饮水，所需不过满腹。

【解】《庄子·内篇·逍遥游》曰："许由曰：'子治天下，天下既已治也；而我犹代子，吾将为名乎？名者，实之宾也。吾将为宾乎？鹪鹩巢于深林，不过一枝；偃鼠饮河，不过满腹。归休乎君！予无所用天下为！庖人虽不治庖，尸祝不越樽俎而代之矣！'"在这里，庄子提出人的自然需求是有限的，不应追求超出自然限度之外的欲望。人的欲望如果不加克制，则对自然资源的索求则会无穷无尽，但是人真正需要的只是其中很小的一部分，人们应该取其所需，把剩下的留给需要的人，这样每个人都能得到满足。今天的共享经济就体现了这一价值观念。

150.无为①也，则用天下②而有馀。（《庄子·天道》）

【注】①无为：道家所言的"无为"并非什么都不做，而是"不妄为"。②用天下：利用天下万物。

【译】无为就可以利用天下万物而闲暇有余。

【解】《庄子·外篇·天道》曰："夫帝王之德，以天地为宗，以道德为主，以无为为常。无为也，则用天下而有馀；有为也，则为天下用而不足。故古之人贵夫无为也。上无为也，下亦无为也，是下与上同德，下与上同德则不臣；下有为也，上亦有为也，是上与下同道，上与下同道则不主。上必无为而用天下，下必有为为天下用，此不易之道也。故古之王天下者，知虽落天地，不自虑也；辩虽雕万物，不自说也；能虽穷海内，不自为也。天不产而万物化，地不长而万物育，帝王无为而天下功。故曰：莫神于天，莫富于地，莫大于帝王。故曰：帝王之德配天地。此乘天地，驰万物，而用人群之道也。"这句话本是对君主所言，不过也可以引申到百姓日用上。这里的"无为"可以理解为不过度索取，应该顺应自然，取其所需。如此一来则万物取之不尽，用之不竭。此外，"无为"还可以使人不为万物所役，进而达到人与自然和谐相处境地。习近平总书记2018年5月4日在纪念马克思诞辰200周年大会上的讲话中指出："人类必须敬畏自然、尊重自然、顺应自然、保护自然。我们要坚持人与自然和谐共生，牢固树立和切实践行绿水青山就是金山银山的理念，动员全社会力量推进生态文明建设，共建美丽中国，让人民群众在绿水青山中共享自然之美、生命之美、生活之美，走出一条生产发展、生活富裕、生态良好的文明发展道路。"这段话清晰地揭示了由"顺应自然"到"用天下"的逻辑关系，极具启发意义。

【杂家】

151.且譬之如天，其有五材①，而将用之，力尽而敝②之，是以无拯，不可没振。（《左传·昭公十一年》）

【注】①五材：金、木、水、火、土五种物质。②敝：丢弃。

【译】天有金、木、水、火、土五种材料而由人加以使用，材力用尽就丢弃了，所以楚国已经无法拯救，最后也不可能兴盛。

【解】《左传·昭公十一年》："天之假助不善，非祚之也，厚其凶恶而降之罚也。且譬之如天，其有五材，而将用之，力尽而敝之，是以无拯，不可没振。"随着农业生产的发展，中国古人已经注意到发展生产与保护环境之间的关系，认为自然环境是由木、火、土、金、水五种物质元素组成的相互制约的统一整体，进而认识到发展生产要与自然环境的基本性质相协调，社会才能安定发展。可以说，中国古人认识到保护各种动植物资源，是保护人类生存、促进社会发展的必要条件。

纵观世界发展史，保护生态环境就是保护生产力，改善生态环境就是发展生产力。良好的生态环境是最公平的公共产品，是最普惠的民生福祉。对人的生存、生产和生活来说，金山银山固然重要，但绿水青山是人民幸福生活的重要内容，是金钱不能代替的。

152.故适身行义，俭约恭敬，其唯①无福，祸亦不来矣；骄傲侈泰②，离度③绝理，其唯无祸，福亦不至矣。（《管子·禁藏》）

【注】①唯：虽。②侈泰：奢侈浪费。③离度：背离法度。

【译】克制自己，遵守礼仪，朴实谦虚，即使无福，也不至于大祸临头；如果骄傲奢侈，背离法度，违反常理，即使不遇祸害，福也不会来临。

【解】《管子》一书是战国中后期各家著作的论文集。《管子·禁藏》曰："故适身行义，俭约恭敬，其唯无福，祸亦不来矣；骄傲侈泰，离度绝理，其唯无祸，福亦不至矣。是故君子上观绝理者以自恐也，下观不及者以自隐也。"勤俭节约一直都是中华民族的传统美德，中国古人的消费伦理原则是淡泊寡欲、清静节俭，提倡勤俭朴实的生活作风，克制自己的欲望，拒绝奢侈无度，这是与传统农业及其有限的物质生产能力相适应的。在这里，管子（？—前645年）把行为上的俭奢与个体的祸福联系起来，在个体人生和道德伦理层面上强调了俭约恭敬的必要性和合理性。

153.饮食者也，侈乐①者也，民之所愿也。足其所欲，赡②其所愿，则能用之耳。（《管子·侈靡》）

【注】①侈乐：奢侈享乐。②赡：供给。

【译】饮食、侈乐是人民的愿望，满足他们的欲求和愿望，就可以用好人力。

【解】《管子·侈靡》："饮食者也，侈乐者也，民之所愿也。足其所欲，赡其所愿，则能用之耳。今使衣皮而冠角，食野草，饮野水，孰能用之？伤心者不可以致功。故尝至味而罢至乐，而雕卵然后瀹之，雕橑然后爨之。丹沙之穴不塞，则商贾不处。富者靡之，贫者为之，此百姓之怠生，百振而食。非独自为也，为之畜化。"这肯定了人的本性和欲望，认为人的本性追求物质享受和珍稀贵重之物，适度满足民众的欲望对维护社会的正常运行也是有益的。因为，统治者满足了民众欲求和愿望，就能够更好地调动民众，发挥他们的主观能动性，积极参与社会和建设国家。同时，管子认为，适度消费也可促进社会生产、济人利物。

154.富者靡①之，贫者为之，此百姓之怠生②，百振③而食。非独自为也，为之畜化。（《管子·侈靡》）

【注】①靡：浪费，奢侈。②怠生：有生计。怠，通"怡"。③百振：百业振兴。

【译】让富人奢侈消费，给穷人劳动就业的机会。这样，百姓将有生计，百业振兴而有饭吃。这不是百姓可以单独做到的，需要在上者替他们蓄积财货。

【解】《管子·侈靡》："饮食者也，侈乐者也，民之所愿也。足其所欲，赡其所愿，则能用之耳。今使衣皮而冠角，食野草，饮野水，孰能用之？伤心者不可以致功。故尝至味而，罢至乐而。雕卵然后瀹之，雕橑然后爨之。丹沙之穴不塞，则商贾不处。富者靡之，贫者为之，此百姓之怠生，百振而食。非独自为也，为之畜化。"这是中国古人在国家层面调配资源的智慧。富人消费可以促进社会生产，穷人劳动就业可使国家趋于稳定，民众安居乐业，国家也就发展强盛。这些由个人的力量是没有办法完成的，必须由国家进行统一调度。

155.度①**爵而制服，量**②**禄而用财。（《管子·立政》）**

【注】①度：按照。②量：根据。

【译】按照爵位制定衣服的享用等级，根据俸禄规定花费标准。

【解】《管子·立政》："度爵而制服，量禄而用财。饮食有量，衣服有制，宫室有度，六畜人徒有数，舟车陈器有禁。修生则有轩冕、服位、谷禄、田宅之分，死则有棺椁、绞衾、圹垄之度。虽有贤身贵体，毋其爵不敢服其服；虽有富家多资，毋其禄不敢用其财。天子服文有章，而夫人不敢以燕以飨庙；将军大夫，不敢以朝，官吏以命：士止于带缘；散民不敢服杂采；百工商贾不得服长鬈貂；刑余戮民不敢服绋，不敢畜连乘车。"西汉贾谊（前200年—前168年）在《新书·服疑》中提道："制服之道，取至适至和以予民，至美至神进之帝，奇服文章以等上下而差贵贱。"中国古代的服饰有着极其森严的等级划分，表示不同的群体和身份。但是，这也在一个侧面显示了中国古人在国家层面的消费原则是量入为出、取之有度、用之有节的。国家建立制度的一个重要方面就是要节制各个阶层的消费，根据等级的高低来分配资源的多少，这样有节制的消费观能使国家稳定、有序地发展。在古代社会，由于物质资源缺乏和生产力低下，不可能使每个阶层每个成员都有着较高水平的生活消费，这是古人提倡等级消费的一个重要原因。

今天，人类改造、开发和利用自然的能力极大提高，可供人们消费的物质资源也较为丰富，基于身份的等级消费观念在现代社会平等价值观念之下亦不再为人接受了。但是，公务人员的"三公"消费仍然必须受到严格的限制。这不仅是因为负担它们的是取之于民的赋税，也不仅因为它们对于大众的消费行为有着示范效应，其背后还有一个考虑即生态环境保护的要求与限定。

156.以俭得①**之，以奢失之。（《韩非子·十过》）**

【注】①得：得到拥护。

【译】常常因为节俭而得到了诸侯国的拥护，因为奢侈而失去了诸侯国的拥护。

【解】《韩非子》是法家学派的代表著作，战国时期的法家代表人物韩非（约前280年—前233年）逝世之后，由后人根据其文章说理辑集而成。该书主旨以君主专制为始发，注重法、术、势相结合，主张极端功利主义，强调以法治国、以利用人，对秦汉之后封建社会制度的建立和运行产生了重大影响。该书具有独特风格，文笔犀利，说理透辟，逻辑严密，善用寓言。

《韩非子·十过》曰："奚谓耽于女乐？昔者戎王使由余聘于秦，穆公问之曰：'寡人尝闻道而未得目见之也，愿闻古之明主得国失国常何以？'由余对曰：'臣尝得闻之矣，常以俭得之，以奢失之。'"中国古人将天子能否戒奢从简作为衡量统治者能否受到拥护的标准。统治者由上至下，树立崇尚节俭的消费观念。统治者戒除奢侈，将钱财用于造福百姓，使百姓安居乐业、衣食无忧，久而久之，自然就能得到天下百姓的拥护，国家也自然能够繁荣强盛、长治久安。相反，若是在统治阶级中享乐主义和奢靡之风盛行，则会失去民心。

157.量腹①为食，度②形③而衣。（《淮南子·俶真训》）

【注】①腹：肚量。②度：度量。③形：体格。

【译】按照食量多少吃饭，度量形体大小穿衣服。

【解】《淮南子》又名《淮南鸿烈》，是西汉淮南王刘安（前179年—前122年）及其门客收集史料编撰的一部哲学著作，夹杂阴阳家、法家、墨家以及儒家思想，其主旨以道家学说为主。

《淮南子》曰："故古之治天下也，必达乎性命之情；其举错未必同也，其合于道一也。夫夏日之不被裘者，非爱之也，燠有余于身也；冬日之不用翠者，非简之也，清有余于适也。夫圣人量腹而食，度形而衣，节于己而已，贪污之心，奚由生哉？故能有天下者，必无以天下为也；能有名誉者，必无以趋行求者也。圣人有所于达，达则嗜欲之心外矣。"这里从"衣""食"两个方面提出"节用"的原则。人的生存离不开正常的衣食需求，但物质欲望的满足应建立在人正常而自然的生理需要基础上，过度追求物质反而是有害的。我们需要时刻警惕，不可一味索取，否则就会像吃饭和穿衣一样，出现过饱和衣服大小不合身的问题，这也符合"中庸"的原则。2013年1月17日，习近平总书记在新华社《网民呼吁遏制餐饮环节"舌尖上的浪费"》的材料上作出批示："浪费之风务必狠刹！要加大宣传引导力度，大力弘扬中华民族勤俭节约的优秀传统，大力宣传节约光荣、浪费可耻的思想观念，努力使厉行节约、反对浪费在全社会蔚然成风。"这再次提醒我们，节用是中华民族的传统美德，必须大力提倡。

158.故有仁君明主①，其取下②有节③，自养有度，则得承受于天地而不离饥寒之患矣。（《淮南子·主术训》）

【注】①仁君明主：仁爱、英明的君主。②取下：指征收赋税。③节：节度、节制。

【译】因此有英明、爱民的君王，他们对下征收赋税有一定的节制，用来养活自己的东西有一定的标准，所以才能合理接受天地给予的财富而不会遭受饥饿寒冷的祸患。

【解】《淮南子·主术训》曰："夫天地之大计，三年耕而余一年之食，率九年而有三年之畜，十八年而有六年之积，二十七年而有九年之储。虽涝旱灾害之殃，民莫困穷流亡也。故国无九年之畜，谓之不足；无六年之积，谓之闵急；无三年之畜，谓之穷乏。故有仁君明主，其取下有节，自养有度，则得承受于天地，而不离饥寒之患矣。若贪主暴君，桡于其下，侵渔其民，以适无穷之欲，则百姓无以被天和而履地德矣。"

这里是从国家层面而言，体现的是节取和积蓄的重要作用。国家给人民的基本保证应是使其民免遭饥寒之苦，而达到这一点就必须做到取之有节、用之有度，留其余以备不时之需。这里虽然主要论述的是国家的财政、赋税政策，但亦具有明显的生态意涵。所谓"得承受于天地，而不离饥寒之患"，即国家的积蓄和节取政策之所以必须施行，是因为受制于生态系统的一定限制和要求。自然能供给人的资源在一定的时空条件下，总是有限的。人的消费活动，尤其是统治阶层的消费必须接受限定而有所节制，否则不仅会侵害民众的生存资源，而且使得国家社会普遍的缺乏应对自然挑战或灾害的资源。

159.是故人主好鸷鸟猛兽，珍怪奇物，狡躁康荒①，不爱民力，驰骋田猎，出入不时②，如此，则百官务乱，事勤财匮，万民愁苦，生业③不修矣。（《淮南子·主术训》）

【注】①康荒：淫逸迷乱。②不时：非其时，不合时。③生业：生产，产业。

【译】所以，君主若是喜好收养观赏猛兽凶禽、收藏怪异奇特之物，性情暴躁、好乐昏乱、不惜民力、驰马打猎、出入不按时节，这样朝政百官必定随之混乱不堪，事务辛苦，财钱贫乏，万民愁苦而生产荒废。

【解】《淮南子·主术训》："君人之道，处静以修身，俭约以率下。静则下不扰矣，俭则民不怨矣。下扰则政乱，民怨则德薄。政乱则贤者不为谋，德薄则勇者不为死。是故人主好鸷鸟猛兽，珍怪奇物，狡躁康荒，不爱民力，驰骋田猎，出入不时，如此则百官务乱，事勤财匮，万民愁苦，生业不修矣。人主好高台深池，雕琢刻镂，黼黻文章，绨纻绮绣，宝玩珠玉，则赋敛无度，而万民力竭矣。尧之有天下也，非贪万民之富而安人主之位也，以为百姓力征，强凌弱，众暴寡。于是尧乃身服节俭之行，而明相爱之仁，以和辑之。"中国古人认为统治人民的方法，应处静以修养身心，以勤俭节约为下属作出表率。如果君主处静以修身则民众就不受骚扰，如果君主勤俭节约则民众就不抱怨。同理，习近平总书记要求坚决制止餐饮浪费行为："我们的财力是不断增加了，但决不能大手大脚糟蹋浪费。"正是传承于古人这样的思想。

160.夫君子之行，静以修身，俭以养德，非澹泊无以明志①，非宁静无以致远②。（《诫子书》）

【注】①志：志向。②致远：实现远大的抱负。

【译】有道德修养的人，用潜心努力来提高自己，用俭朴来培养高尚的品德，没有做到恬静寡欲就无法确立远大的志向，没有做到安宁清静就无法实现远大的理想。

【解】《诫子书》是三国时期著名政治家诸葛亮（181年—234年）临终前写给其子诸葛瞻（227年—263年）的一封家书，其文短小精悍、词约义丰，主要阐述修身养性、勤学立志、做人成才的深刻道理。

《诫子书》曰："夫君子之行，静以修身，俭以养德。非澹泊无以明志，非宁静无以致远。夫学须静也，才须学也。非学无以广才，非志无以成学。淫慢则不能励精，险躁则不能治性。年与时驰，意与日去，遂成枯落，多不接世，悲守穷庐，将复何及！"中国古人推崇俭以养德，认为节俭能养德、持家、治国。一个人若能够以朴素节俭的标准严格要求自己，不铺张浪费，不过分追求功名利禄，就能不为物欲所束缚，以平常心看待世界，由此养成淡泊宁静的心态。人若以此心态对待万事万物，必然能从世俗之中超脱，从而得以修身养性。对于自身修养而言需要俭以养德、静以修身，对于国家社会而言又未尝不是这样的道理，在社会畅行节俭之风，遏制奢靡浪费之气，是当代社会加强精神文明建设的重要课题。

161.夫地力之生物有大数①，人力之成物有大限②。（《均节赋税恤百

姓六条》其二）

【注】①大数：命运气数。②大限：最高的限额。

【译】地力所产生出的物质是有大的定数的，人力所创造的物质是有限度的。

【解】唐代政治家陆贽（754年—805年）在《均节赋税恤百姓六条·其二》中说道："夫地力之生物有大数，人力之成物有大限，取之有度，用之有节，则常足；取之无度，用之无节，则常不足。生物之丰败由天，用物之多少由人，是以圣王立程，量入为出，虽遇灾难，下无困穷。理化既衰，则乃反是，量出为入，不恤所无。"自古时起，中国古人便清楚人所生产之物皆源于自然，取之有度方能用之不竭。相反，过度的消耗、占有、索取，在遇到灾难之时，便会出现穷困之境。如今人类社会的消耗品依然来自自然界。但是，源于自然的产品既有数量的限制，更有时间的限制，还受到动植物生长规律和人力有限的限制。人类实际上能够消费的物质也是有限的，但若为欲望所控制，则会产生无穷尽的浪费，而资源环境受其总量限制是无法改变的，因此人类消费的总原则是合理满足欲望，而不是向自然无止境地索求。居安思危是每个国家、民族乃至个人都必须长期秉持的观念，若是过度的浪费，即使粮食丰收也没有足够的粮食抵御灾害来临之后的饥荒。面对有限的自然资源，我们应当保持危机意识，取之有度，用之有节。

162.取之有度①，用之有节②，则常足；取之无度，用之无节，则常不足。（《均节赋税恤百姓六条》其二）

【注】①度：限度，限额。②节：省减，节制。

【译】（对所拥有的资源）索取有限度，使用节制，就能永远富足；反之，索取没有限度，使用也不节制，就会经常不足。

【解】这是唐代著名政治家陆贽对赋税的看法，核心观念是要节制。主要从取、用两方面合理地使用资源，生产与消费都要有限度。习近平2019年4月28日在北京世界园艺博览会开幕式上的讲话中指出："'取之有度，用之有节'，是生态文明的真谛。因此，我们要倡导简约适度、绿色低碳的生活方式，拒绝奢华和浪费，形成文明健康的生活风尚。要倡导环保意识、生态意识，构建全社会共同参与的环境治理体系，让生态环保思想成为社会生活中的主流文化。"

163.天育物有时①**，地生财有限，而人之欲无极**②**。（《养动植之物》）**

【注】①有时：有一定的时节规律。②无极：没有极限。

【译】上天生育万物要顺应一定的时节规律，土地生出财富也是有限度的，但是人的欲望却是没有极限的。

【解】这句话出自唐代白居易（772年—846年）的《策林·二十六·养动植之物》："天育物有时，地生财有限，而人之欲无极。以有时有限奉无极之欲，而法制不生其间，则必物暴殄而财乏用矣。"2005年2月23日，习近平在《建设资源节约型社会是一场社会革命》一文中指出："建设资源节约型社会是一场关系到人与自然和谐相处的社会革命。人类追求发展的需求和地球资源的有限供给是一对永恒的矛盾。古人'天育物有时，地生财有限，而人之欲无极'的说法，从某种意义上反映了这一对矛盾。人类社会在生产力落后、物质生活贫困的时期，由于对生态系统没有大的破坏，人类社会延续了几千年。而从工业文明开始到现在仅三百多年，人类社会巨大的生产力创造了少数发达国家的西方式现代化，但已威胁到人类的生存和地球生物的延续。"自然资源是有限的存在，很多资源还属于不可再生资源。因此，本着可持续发展的理念，我们在推动经济社会发展的同时，也要尊重自然规律，保护自然资源，建设资源节约型社会。无疑，这是一场具有深刻现实意义的社会革命。

164.奢靡①之始，危亡之渐②也。（《新唐书·褚遂良传》）

【注】①奢靡：奢侈糜烂。②渐：征兆、苗头。

【译】奢侈糜烂的开始就是国家危亡的征兆。

【解】北宋欧阳修、宋祁等人合撰的《新唐书·褚遂良传》曰："是时，魏王泰礼秩如嫡，群臣未敢谏。……遂良曰：'今四方仰德，谁弗率者？唯太子、诸王宜有定分。'……帝尝怪：'舜造漆器，禹雕其俎，谏者十余不止，小物何必尔邪？'遂良曰：'雕琢害力农，纂绣伤女工，奢靡之始，危亡之渐也。漆器不止，必金为之，金又不止，必玉为之，故谏者救其源，不使得开。及夫横流，则无复事矣。'帝咨美之。"唐太宗宠爱四子魏王李泰，其礼仪品级都与太子相同，大臣们都不敢直言进谏。唯独褚遂良认为太子与诸王应该有严格的礼制区别。唐太宗起初并不在意，还很惊讶地问褚遂良说：古代舜帝制造了漆器，禹帝雕饰俎器，进谏者不下十人。食器之类的小事，大臣们为什么要如此劝谏呢？褚遂良回答说，雕琢妨害了农业生产，过分的彩绣耽误了女工纺织，"奢靡之始，危亡之渐也"。如果喜好漆器不加以限制，任其发展下去，就会用黄金来做器具；喜好黄金器皿不加以控制，任其发展下去，就会用美玉来做器具。所以，谏净之臣必须在刚露出奢侈苗头时进谏，如果一旦奢侈成风，再进谏就难了。唐太宗听了很受触动，表示赞同。这则故事警示我们，一定要严格控制奢靡之风，奢靡之风对社会风气、干部形象、国家安危都有很坏的影响。此外，对于奢靡之风要从源头上控制，一旦蔓延再来治理，难度就比较大。2013年6月18日，习近平总书记在党的群众路线教育实践活动工作会议上的讲话中引用了这个典故，并指出：我们要旗帜鲜明地反对"四风"，提倡全民节约，反对铺张浪费，营造简朴节约、风清气正的社会消费环境。

165.织文之奢，不鬻①**于国市；纂组**②**之作，实害于女工。**（《宋朝事实》卷三）

【注】①鬻：出售。②纂组：精美的丝织品。

【译】绣有繁复奢侈花纹的织品，不在市场上售卖；制造华丽丝带的工艺，对女工确实有所损害。

【解】《宋朝事实》卷三记载："仁宗景祐元年四月，诏曰：'织文之奢，不鬻于国市；纂组之作，实害于女工。朕稽若令猷，务先俭化。深维抑末，缅冀还淳。然犹杼轴之家，相矜于靡丽；衣服之制，弗戒于纷华。浮费居多，逾侈斯甚。宜惩俗尚，用谨邦彝。内自掖庭，外及宗戚，当奉循于明令，无因习于媮风。其锦背、绣背及遍地密花、透背段子，并宜禁断。西川岁织上供者亦罢之。'"节俭是中国人的传统美德，是中华民族的优良传统。上面这句话启示我们，小到一个人、一个家庭，大到一个国家，要想生存，要想发展，都离不开节俭。个人的奢靡会导致铺张浪费，国家的奢靡会导致劳民伤财。治国理政应当厉行勤俭节约，反对奢靡之风，在全社会形成良好风气。

166.故君子居常嗜好①**，不可太浓艳**②**，亦不宜太枯寂**③**。**（《菜根谭》）

【注】①嗜好：爱好。②浓艳：浓重而艳丽，这里指气派奢侈。③枯寂：枯燥寂寞。

【译】所以君子日常生活的爱好，既不可过分讲究气派奢侈，也不可太过于咨音枯燥。

【解】《菜根谭》是明代洪应明收集编著的一部以处世思想为主的语录体文集。该书以"菜根"命名，取"咬得菜根，百事可做"之意，意谓"人的才智和修养只有经过艰苦磨炼才能获得"。

《菜根谭》曰："念头浓者，自待厚待人亦厚，处处皆厚；念头淡者，自待薄待人亦薄，事事皆薄。故君子居常嗜好，不可太浓艳，亦不宜太枯寂。"节俭并不意味着不能享受生活，也不是不追求生活的品质，而是强调不要去花没有意义的钱。过分的奢侈必然带来过度的浪费。追求生活品质本身没有错，但是过度的追求奢侈气派的生活，会让人陷入消费主义的陷阱。要坚决遏制住过度消费的不良现象，勤俭节约，杜绝浪费。

167.爽口之味，皆烂肠腐骨之药，五分便无殃①。（《菜根谭》）

【注】①殃：伤害。

【译】味道浓烈鲜美的事物，都是对身体有害之物，吃五分饱便不会有太大伤害。

【解】《菜根谭》曰："爽口之味，皆烂肠腐骨之药，五分便无殃；快心之事，悉败身丧德之媒，五分便无悔。"节制，是保持生活愉悦和身体健康的秘诀。在物质上，节制自己的占有欲，只留下最适合的；在饮食上，节制自己的口腹之欲，保持身体的清净；在精神上，感恩自己所拥有的，不去追求和接受不属于自己的。这样的生活态度，才能使得生活沉浸在宁静之中。近年来，为"博眼球"而出现的吃播在网络上盛行，这同人们过度追求食物的欲望不无关系，但是这样的追求在造成人身体损伤的同时，也带来了大量的铺张浪费。无论是对自己健康的保护，还是对粮食危机的防范，我们都应当学会节制、适度消费。

168.一粥一饭，当思来处不易；半丝半缕，恒念物力维艰①。（《治家格言》）

【注】①物力维艰：指财物来之不易。

【译】对于一顿粥或者一顿饭，我们应当想着它的来之不易；对于衣服的半根丝或者半条线，我们也要常念着它的产生是很艰难的。

【解】明末清初理学家、教育家朱柏庐（1627年—1698年）在《治家格言》中说："黎明即起，洒扫庭除，要内外整洁。既昏便息，关锁门户，必亲自检点。一粥一饭，当思来处不易；半丝半缕，恒念物力维艰。宜未雨而绸缪，毋临渴而掘井。自奉必须俭约，宴客切勿流连。器具质而洁，瓦缶胜金玉；饮食约而精，园蔬愈珍馐。勿营华屋，勿谋良田。"自然之物是有限的，对自然之物的获取也并不容易，凝聚着无数人力、物力。一粥一饭，似乎是微不足道之物，却包含着自然之物的生长、农夫的汗水；半丝半缕，也要经历种桑、养蚕、采茧、纺丝等种种过程才能获得。勤俭节约要从日常生活、穿衣吃饭做起，不要看轻日常微小的事物而不知珍惜，这体现了中国古人节约勤俭的生态消费观。中华民族自古就有勤俭节约的优良传统，虽然今人对于物质的获取比古人要容易得多，但物质资源仍是有限的，我们需要将这一伟大传统继承下去。

169.良田万顷，日食一升；大厦千间，夜眠八尺。（《增广贤文》）

【译】纵使有万顷的良田，所食也不过一升；纵使有千间豪宅，所眠也不过八尺的大小。

【解】其寓意是物质追求要适可而止、知足常乐。所谓知足常乐，就是在自己可承受范围内进行有度有节的享受是愉悦的，若是超出自身可承受范围进行过度的享乐反而会使自己感到焦虑和空虚。知足之心可以让我们克制盲目攀比、奢靡之风和享乐主义，也就能对浪费风气有所遏制。

170.醲肥辛甘非真味①，真味只是淡。（《菜根谭》）

【注】①真味：食物的本来味道。

【译】醇厚、肥美、麻辣、甜美都不是真味，真味只是淡。

【解】《菜根谭》曰："醲肥辛甘非真味，真味只是淡；神奇卓异非至人，至人只是常。"对权势名利的追求，最终都会归于虚无。寻找一种人生的真实，寻找一种人生的真谛，就是一种真实的人生。寻找真实的自我，追求过多的物质繁华，反而失去了事物纯真美好的样子，朴素是当今社会需要重新拾取的美德。此条格言所提的饮食节度问题。

171.盖志①**以淡泊明，而节**②**从肥甘丧矣。（《菜根谭》）**

【注】①志：志气。②节：节操。

【译】人的志气总是在清心寡欲中显露出来，人的节操都是在追求物欲享受中丧失殆尽。

【解】《菜根谭》："藜口苋肠者，多冰清玉洁；衮衣玉食者，甘婢膝奴颜。盖志以淡泊明，而节从肥甘丧矣。"中国古人云，无欲则刚。一个人如果没有什么欲望的话，他就什么都不怕，什么都不必怕了。学会约束自己的私欲，方可站得稳，行得正，无私则无畏，而在无节制追求欲望的过程中，我们会抛却原则和底线。过度的欲望追求使人的节操和良知逐渐丧失，失去了对自然的尊重和对生命的热爱。面对如今浮躁的社会，我们必须学会节制自己的欲望，重拾人的良知和社会底线，在物质消费、资源利用与环境保护之间保持动态平衡，才能实现人与自然的永续发展。

172.俭则约，约则百善俱兴；侈①**则肆**②**，肆则百恶俱纵。（《格言联璧》）**

【注】①侈：浪费，用财物过度。②肆：放纵，任意行事。

【译】节俭就会节制约束，节制约束则各种善行都能兴起；奢侈浪费就会放纵行事，放纵而为就会让各种恶行暴发。

【解】勤俭节约一直以来都是中华民族的传统美德和宝贵的精神财

富。一方面，节俭关系国家和民族的发展，所谓"历览前贤国与家，成由勤俭败由奢"。例如，辅佐鲁国三代君主的国相季文子"家无衣帛之妾，厩无食粟之马，府无金玉"，做到了克勤于邦、克俭于家，使得鲁国朝野出现了俭朴的风气。另一方面，节俭与奢侈不仅是个人修养问题，更关系到人们的生活方式。被道光皇帝（1782年—1850年）称为"极三朝之宠遇，为一代之完人"的清代名臣阮元（1764年—1849年），既是帝师、政绩卓著的重臣，也是训诂学家、金石学家，竟然因为经济拮据，临死也无法赎回他所钟爱的拓片，故而被嘉庆皇帝（1760年—1820年）称为"有守有为，清俭持躬"。每到生日，他都杜绝公务，用茶隐谢绝俗礼，静心清俗，拒绝像其他官员一样借机敛财。

勤俭节约是建设节约型社会、实现可持续发展的迫切需要。面向未来，世界人口仍将快速增长，如果按照现在消耗模式生活的话，那是不可想象的。为此，必须加快推动生活方式绿色化，倡导绿色消费、适度消费和理性消费，反对奢侈浪费和不合理消费，形成简约适度、绿色低碳的生活方式，努力实现生活方式和消费模式向勤俭节约、绿色低碳、文明健康的方向转变。近年来，很多地方实行"光盘行动"、开展衣物回收、使用共享单车等环境保护活动，都是推动绿色生活方式的有益探索，取得了良好的效果。

173.减一滋味，于食无损；全①**一性命，利**②**物不细**③**。（《得一录》卷七）**

【注】①全：保护，保全。②利：有益。③细：小。

【译】吃得清淡一点，并不会对饮食造成不良影响；保全一个生命，却对于事物大有裨益。

【解】《得一录》由清代余治编撰，是一部收录、总汇慈善章程的善书，其书名取自《中庸》"得一善则拳拳服膺"之句，在清末民初具有非常广泛的社会影响。《得一录》记载："凡孳孳为善者，果辄应验。昔罗念庵先生曰：'同生天地，即为同气，不忍之心，乃我生机。减一滋味，于食无损；全一性命，利物不细。'真仁人之言也，幸有心人随处倡行，造福无量。"人在满足温饱之外还会想要满足口腹之欲，但如果过度追求欲望的满足也会导致不良后果。佛家将欲望当作人痛苦的根源，主张去欲。尽管满足欲望并不都是坏事，但贪欲确实会导致一系列的问题，如人类的大肆捕杀导致物种灭绝，过度的开垦导致沙漠化的问题等等。而"节欲"正是从本源上解决这些问题的好办法，食用"野味"所带来的各种问题，包括所带来的重大疫病，都提醒我们保护生物就是保护我们自己。

【文学】

174.蜀山兀①，阿房出②。（《阿房宫赋》）

【注】①兀：山秃。②出：建成。

【译】蜀山木尽变秃，而阿房宫始成。

【解】《阿房宫赋》曰："六王毕，四海一，蜀山兀，阿房出。覆压三百余里，隔离天日。骊山北构而西折，直走咸阳。二川溶溶，流入宫墙。五步一楼，十步一阁；廊腰缦回，檐牙高啄；各抱地势，钩心斗角。盘盘焉，囷囷焉，蜂房水涡，矗不知其几千万落。"一座宫殿建成的背后，是一座翠郁青山的消亡，更是一个兴盛朝代的瓦解。如果任意挥霍环境资源和钱财人力，就会带来负面效应，造成人与自然、人与人关系的紧张。统治者想要巩固治理，应用节俭朴素的观念约束自己，丰盈国库，造福天下，而不是挥霍百姓劳力，糟蹋自然资源，消耗国家财力，只为建造一座转瞬即逝的豪华宫殿。习近平总书记在2020年4月20日至23日陕西考察时的讲话中指出："秦岭和合南北、泽被天下，是我国的中央水塔，是中华民族的祖脉和中华文化的重要象征。保护好秦岭生态环境，对确保中华民族长盛不衰、实现'两个一百年'奋斗目标、实现可持续发展具有十分重大而深远的意义。陕西要深刻吸取秦岭违建别墅问题的教训，痛定思痛，警钟长鸣，以对党、对历史、对人民高度负责的精神，以功成不必在我的胸怀，把秦岭生态环境保护和修复工作摆上重要位置，履行好职责，当好秦岭生态卫士，决不能重蹈覆辙，决不能在历史上留下骂名。"所以，这是功在当代的民心工程、利在千秋的德政工程。大兴土木，破坏自然，最终这些行为会伤害到人类自身。为了扩大建筑，伐尽山林，却带来了种种极端恶劣的天气现象。我们应当警醒：伤害自然就是伤害人类自身。

175.谁知盘中餐，粒粒皆辛苦①。（《悯农二首》其二）

【注】①辛苦：辛劳困苦。

【译】有谁能够想到，我们碗中的米饭，每一粒都包含着农民的辛劳困苦。

【解】唐代诗人李绅（772年—846年）有两首《悯农》诗，其二为："锄禾日当午，汗滴禾下土。谁知盘中餐，粒粒皆辛苦。"这首诗流传比较广。诗人看到烈日炎炎下农民种田的辛苦场景，联想到饭桌上的每一粒粮食都是农民付出了血汗和辛勤的劳动得来的，因此，我们要珍惜这来之不易的粮食。2020年8月，习近平总书记对制止餐饮浪费行为作出重要指示。他指出，餐饮浪费现象，触目惊心、令人痛心！古人这首脍炙人口的小诗，其本旨在于提醒人们爱惜民力。但我们未尝不可以引申其意义，盘中餐食来之不易，我们应该顾念背后劳作的农民的艰辛，亦不应忘记这是自然生态的恩赐。每一粒粮食的收获，除了人类自身的努力耕耘，风调雨顺和土壤的地力都是必不可少的基础与条件，因此我们应该恒念天地的恩赐，努力保持农业生态系统的平衡。这是"谁知盘中餐，粒粒皆辛苦"之诗应有的新的生态意涵。

【故事】

176.宣公夏滥于泗渊①，里革断其罟②而弃之，曰："……今鱼方别孕，不教鱼长，又行网罟，贪无艺③也。"公闻之，曰："吾过而里革匡我，不亦善乎！是良罟也！为我得法。使有司④藏之，使吾无忘谂⑤。"师存⑥侍，曰："藏罟不如置里革于侧之不忘也。"（《国语·鲁语上》）

【注】①宣公：即鲁宣公。滥：泡在水里，这里有下网的意思。泗：水名，发源于山东蒙山南麓。渊：水深处。②里革：鲁国大夫。断：这里是割破的意思。罟（gǔ）：网。③艺：限度。④有司：官吏。古代设官分职，各有专司，因称官吏为"有司"。⑤谂（shěn）：规谏。⑥师存：乐师，名存。

【译】鲁宣公在夏天到泗水的深潭中下网捕鱼，大夫里革割破他的渔网，把它丢在一旁，说："……现在正当鱼类孕育的时候，却不让它长大，还下网捕捉，真是贪心不足啊！"宣公听了这些话以后说："我有过错，里革便纠正我，不是很好的吗？这是一挂很有意义的网，它使我认识到古代治理天下的方法，让主管官吏把它藏好，使我永远不忘记里革的规谏。"有个名叫存的乐师在一旁伺候鲁宣公，便说道："保存这个网，还不如将里革安置在身边，这样就更不会忘记他的规谏了。"

【解】春秋时期鲁国大夫里革规谏其君鲁宣公（？—前591年）在夏天鱼类孕育的时候不应捕鱼，鲁宣公诚心接受并褒扬了里革的行为。鲁宣公认为里革使他认识到古代治理天下的方法，可见对于动植物资源必须按时取用，不能在动植物繁育的时候伤害它们。自古以来，严格遵守不伤害动植物之孕育、生长的"时禁"成为中国古代保护动植物的基本原则和有效措施，在今天仍然是生态环境保护措施中的基本内容，例如我国实行的海洋伏季休渔制度。从2002年始，长江、珠江、淮河、黄河等七大流域先后在国家层面建立了禁渔期制度。自2021年1月1日始，长江流域重点水域实行十年禁渔。凡此都是对中国古人在动植物资源保护中"时禁"理念与政策的继承。

177.汤①出,见野张网四面,祝②曰:"自天下四方,皆入吾网。"汤曰:"嘻,尽之矣!"乃去其三面。祝曰:"欲左,左;欲右,右。不用命③,乃入吾网。"诸侯闻之,曰:"汤德至矣,及禽兽。"(《史记·殷本纪》)

【注】①汤:商朝开国贤君。②祝:祝愿祷告。③用命:听从命令。

【译】商汤外出,见到野外捕捉禽兽的人把网四面张开,并祝祷说:"从天下四面八方来的皆进我的网中!"汤说:"嗳,这样就把鸟兽全给打光了!"于是撤去三面的网,并祝祷说:"要想到左边去的,就去左边;要想到右边去的,就去右边;不听从命令的,就进我的网中来吧!"诸侯听说这件事,都说:"商汤的恩德已经到极点了,甚至施舍到了禽兽身上。"

【解】商汤为殷商的开国君主,"网开三面"(亦作网开一面)的典故讲的就是商汤仁民爱物的故事。商汤外出见人打猎,四面张网,担心会把禽兽一网打尽,故而劝其撤去三面之网,以示对于禽兽应取之有度,不妨碍其族群的持续生存。诸侯在商汤的行为中,看到了他对禽兽的爱惜之心,以此推论其何况于人呢?因此,商汤深孚众望,成为天下归往的圣王。商汤的仁民爱物之心,不仅具有政治意义,亦深具生态意涵,实际上是承认了动物的内在价值,认为动物的生命应受到人的关爱。可见,商汤实际上具有一种对动物资源进行合理、有限取用的生态消费观。这与今天我们普遍存在的对于动物资源"竭泽而渔"式的滥捕滥猎形成了鲜明的对比。

178.虫不犯境①,此一异也;化②及鸟兽,此二异也;竖子③有仁心,此

三异也。（《后汉书·鲁恭传》）

【注】①境：疆界；辖境。②化：教化。③竖子：儿童。

【译】螟虫不入你的辖境，这是一异；你的恩德教化施及禽兽，这是二异；（在你的教化之下）小孩都有仁民爱物之心，这是三异。

【解】《后汉书·鲁恭传》曰："熹复举恭直言，待诏公车，拜中牟令，恭专以德化为理，不任刑罚。……建初七年，郡国螟伤稼，犬牙缘界，不入中牟。河南尹袁安闻之，疑其不实，使仁恕掾肥亲往廉之。恭随行阡陌，俱坐桑下，有雉过，止其傍。傍有童儿，亲曰：'儿何不捕之？'儿言：'雉方将雏。'亲瞿然而起，与恭诀曰：'所以来者，欲察君之政迹耳。今虫不犯境，此一异也；化及鸟兽，此二异也；竖子有仁心，此三异也。久留，徒扰贤者耳！'还府，具以状白安。"其意思是，汉人鲁恭做中牟县令，任内所在地区发生螟灾，螟虫唯独绕开了中牟县。其上司河南尹袁安疑事不属实，派属官肥亲亲往查访。肥亲在鲁恭陪同下往视于田间，坐在树下休息时，适有一只野鸡落于其旁休息。旁有一小儿，肥亲即问小儿何不捕之？小儿对答野鸡即将孵雏。肥亲由此大感，起而对鲁恭讲了一番话："我之所以来此，是为了访查你的政迹。现今，螟虫不入你的辖境，这是一异；你的恩德教化施及禽兽，这是二异；在你的教化之下，连小孩都有仁民爱物之心，这是三异。你的治下，有此三异，我久留在此，不是只能给贤者增添烦扰吗？"说罢，肥亲就回去了，向府尹袁安报告了状况。"鲁恭三异"记录了东汉地方官员鲁恭的事迹。在汉代地方官的施政之中，鲁恭已经知晓要注意保护农业生态环境，并以此教化境内百姓，故而避免了螟灾的侵害。这是保护生态给人带来资源价值和经济价值的典型事例。它说明保护农业生态不仅是中国古人的思想观念，也是古代官员施政治民的重要实践。野鸡孵雏之所以不应捕捉，正是不能过度开发物产之意，与今天的可持续发展理念相契合。

古代官员在其地方治理活动中，尚能培养民众的生态保护意识，以保护动物资源、维持生态平衡。今天，我们正坚定不移地推进生态文明建设，各级领导干部应效法古人，自觉地将生态环保意识的推广与生态环境的保护实践作为自己的职责所在，认真地做好相关功夫。正如习近平2020年8月18日至21日在安徽考察时的讲话中说的："实施长江十年禁渔计划，要把相关工作做到位，让广大渔民愿意上岸、上得了岸，上岸后能够稳得住、能致富。长江经济带建设，要共抓大保护、不搞大开发。"

发展篇

【共四十四条】

中国传统生态发展观是中国古人对生态环境与经济社会发展之间关系的总的认识。中国古人普遍主张人类经济社会发展离不开人与生态环境的良性互动。大致地说，中国古代的生态发展观主要包含以下内容：

其一，良好的生态环境是人类生存和发展的前提。如果人类不能保持自身与生态环境的和谐统一，就会危及自身的生存和发展。因此，人类不能把生态环境看作可以无休止地征服、攫取、侵占的对象，而应当与生态环境建立一种共生、共存、共荣的和谐关系。在儒家看来，"天地合而后万物兴"，人只有在与生态环境、自然万物相亲相和的友好关系中，才能实现自身的持续发展和社会的繁荣昌盛。充分认识到这一点，则如荀子云："故天之所覆，地之所载，莫不尽其美、致其用，上以饰贤良、下以养百姓而安乐之。"

其二，人类必须按照自然万物的本性对其加以开发和利用，遵循春耕、夏耘、秋收、冬藏的自然规律从事农业生产，利用动植物为自身服务懂得适时予其休养生息的机会，而不能一味地盲目索取，坚决反对焚林而田、竭泽而渔、覆巢毁卵等短视行为。《孟子·梁惠王上》说："不违农时，谷不可胜食也；数罟不入洿池，鱼鳖不可胜食也；斧斤以时入山林，材木不可胜用也。"《荀子》则更为具体地指出："圣王之制也，……春耕、夏耘、秋收、冬藏，四者不失时，故五谷不绝，而百姓有余食也；污池渊沼川泽，谨其时禁，故鱼鳖优多，而百姓有余用也；斩伐养长，不失其时，故山林不童，而百姓有余材也"。《礼记·月令》更是强调人必须尊重自然万物的变化规律，因时而动，因地制宜，积极保护生态环境，实现自然资源的可持续利用，比如春天不能砍伐树木等。儒家之外的其他学派，亦多有类似的思想。如《吕氏春秋》说："竭泽而渔，岂不获得，而明年无鱼。"《齐民要术》说："顺天时，量地利，则用力少而成功多。"相反，如果人类不能顺应自然和爱护自然，则会导致生态失衡和自然灾难。道家的核心主张要求人应该遵循自然万物的本性而不能妄加干预，具有更为显著的保护生态环境和保持生态平衡的意涵。老子说："辅万物之自然而不敢为。"又说:"知常曰明,不知常,妄作凶。"庄子则提出,人与天"不相胜",人为是对自然的破坏,无利而有害,因此人应该顺应自然。中国古人从正反两方面告诫我们,必须按照自然规律活动,取之有时,用之有度,表达了先人对处理人与自然关系的重要认识。

其三,人可以而且应当参与自然并辅助自然,使万物得以实现各自的本性。儒家认为,人不能违背、改造自然规律,但可以认识、掌握和运用自然规律,在遵循自然规律中发挥主观能动性,最终达到人与自然的共同发展,即所谓"尽人之性"与"尽物之性"的统一。《礼记·中庸》说"致中和,天地位焉,万物育焉",又讲"能尽物之性,则可以赞天地之化育;可以赞天地之化育,则可以与天地参矣",正是对人在自然万物演化中所起到的辅助作用的最好称扬。

中国古代生态发展观也存在一些不足之处。比如,儒、法诸家过于强调"人定胜天",力图使自然万物向着人为的方向发展;道家过于推崇"道法自然",不太重视对生态环境的合理开发和利用。今天,我们加强生态文明建设,必须批判继承中国传统生态发展观。我们清楚地看到,习近平总书记所提出的"生态兴则文明兴,生态衰则文明衰""绿水青山就是金山银山""保护生态环境就是保护生产力、改善生态环境就是发展生产力"等重要论断,充分肯定了生态环境的变化直接影响人类经济社会发展的兴衰演替,是对中华传统文化中朴素生态智慧的深刻理解和扬弃。

【儒家】

179.财成①天地之道，辅相②天地之宜。（《周易·象传》）

【注】①财成：裁成，制定。②辅相：辅佐。

【译】制定符合天地运行的规律，辅助天地自然造化。

【解】这句话出自《周易》，体现了中国古人处理人与自然关系的重要认识，强调在遵循自然规律的基础上充分发挥人的主观能动性，对自然界的变化适应、协助、调节，以达到天人和谐共生，使大自然更好地造福人类。

保护自然环境就是治理之要，建设生态文明就是发展之道。我们要建设的中国式现代化是人与自然和谐共生的现代化。党的二十大报告指出："我们坚持可持续发展，坚持节约优先、保护优先、自然恢复为主的方针，像保护眼睛一样保护自然和生态环境，坚定不移走生产发展、生活富裕、生态良好的文明发展道路，实现中华民族永续发展。"我们要承认自然的客观实在性，在人类与自然的对立中把握统一，在尊重自然法则的基础上充分发挥人的主观能动性，制定适合人民生存发展的方针、政策和制度，努力实现天时、地利与人和的高度统一。

180.禹别①九州②，随山浚川，任土作贡。（《尚书·禹贡》）

【注】①别：划分。②九州：中国古代的地理称谓。根据《尚书·禹贡》的记载，指冀州、兖州、青州、徐州、扬州、荆州、豫州、梁州、雍州。

【译】大禹划分九州大地的疆界，顺着山势疏通河流，根据土地的具体情况制定贡赋。

【解】《尚书·禹贡》是中国第一篇区域地理作品，由战国时期魏国人士托名大禹写成。"禹别九州，随山浚川，任土作贡"出自《尚书·禹贡》。其意思是，大禹顺着山势而整治水利，根据土地肥贫而确定贡赋，体现出高度的管理智慧。

人类对自然的利用和干预以不能破坏生态环境为前提。人类能够改造自然，但不能随心所欲地改造自然。只有遵循自然规律，因地制宜，因势利导，科学有序地布局生产空间、生活空间和生态空间，给自然环境留下更多休养生息、自我恢复、自我发展的空间，增强水源涵养能力和环境容量，给人民群众减轻负担，才能真正实现人类社会的长远发展。

181.子钓而不纲^①，弋不射宿。（《论语·述而》）

【注】①纲：提网的总绳。

【译】孔子钓鱼而不用网去捕鱼，不在鸟儿归巢睡觉的时候射杀它们。

【解】孔子讲"仁"，其内涵就是"爱人"。这不仅仅指关爱人类，还指对自然万物要取之以时、用之有度，从而将"仁"的适用范围扩大到了生态环境。

习近平总书记多次强调：像保护眼睛一样保护生态环境，像对待生命一样对待生态环境，推动形成绿色发展方式和生活方式。2016年1月18日，习近平总书记在省部级主要领导干部学习贯彻党的十八届五中全会精神专题研讨班上发表重要讲话，引用"子钓而不纲，弋不射宿"等古语，指出先人们早就认识到了生态环境的重要性。这些关于对自然要取之以时、用之有度的思想，有着十分重要的现实意义。

182.凡居民^①，量地以制邑^②，度地以居民，地邑民居，必参相得也。（《礼记·王制》）

【注】①居民：使民安居。②邑：城市，都城。

【译】凡是安置民众，都应丈量土地的广狭来确定修建城邑的范围，计算土地的大小来决定安置民众的多少，土地、城邑、百姓的住所，这三者必须互相参考、配合得当。

【解】这句话出自《礼记·王制》。早在先秦时期，中国古人就建立了关于城市建设的系列制度，其主旨是因地制宜、因人建城，使人口、土地、城邑和住所相互配合、得其所宜。

推进城镇化建设，必须坚持生态优先原则，因地制宜，使城镇化速度、规模与区域资源环境承载能力相协调。城市是人口聚集区域，也是生活空间的重点。这需要从根本上扭转过去城市"摊大饼"式的无序增长、低效率开发的空间格局，遵循自然演变规律和城市发展规律，把创造优良居住环境作为核心目标，将环境容量和城市综合承载能力作为确定城市定位和规模的基本依据，控制城市开发强度，提高集约发展水平，努力把城市建设成为人与人、人与社会、人与自然和谐共处的美丽家园，让居民望得见山、看得见水、记得住乡愁。

183.能尽物之性，则可以赞①天地之化育；可以赞天地之化育，则可以与天地参②矣。（《礼记·中庸》）

【注】①赞：帮助，辅佐。②参：加入在内。

【译】能够竭力让万物实现天性，就可以辅助天地变化孕育万物；可以帮助天地变化繁育万物，就可以加入天和地之内，与天地并列。

【解】《礼记·中庸》曰："唯天下至诚，为能尽其性；能尽其性，则能尽人之性；能尽人之性，则能尽物之性；能尽物之性，则可以赞天地之化育；可以赞天地之化育，则可以与天地参矣。"其意思是，如果一个人能够真诚地发挥他的本性，就可以充分发挥众人和万物的本性，进而可以帮助天地培育生命，最终与天地并立。

生态兴则文明兴，生态衰则文明衰。习近平总书记多次强调"人与自然是生命共同体，人类必须尊重自然、顺应自然、保护自然"，"生态文明建设是关系中华民族永续发展的千年大计，必须站在人与自然和谐共生的高度来谋划经济社会发展"。生态文明建设功在当代、利在千秋。我们要牢固树立社会主义生态文明观，遵循自然生态演变规律和经济社会发展规律，推动形成人与自然和谐发展现代化建设新格局，建设美丽中国，为保护生态环境做出我们这代人的努力！

184.礼也者，合于天时，设于地财，顺①于鬼神，合于人心，理万物者也。是故天时有生也，地理有宜②也，人官有能也，物曲有利也。（《礼记·礼器》）

【注】①顺：服从，不违背。②宜：适合，适当。

【译】礼，是符合天时、配合地的物产、顺应鬼神、契合人心、治理万物的。所以，天时不同则产生不同的生物，土地不同则有相应不同的产出，人的五官有各自不同的功能，万物曲直不一各有其用途。

【解】这句话见于《礼记·礼器》。其意思是，建立礼制，必须使之与上天的时令、地上的物产、鬼神的意志和人类的内心相符合，这样才能治理自然万物。因此，天各有所生，地各有所产，人各有所能，物各有所用。

建设生态文明，重在建章立制。建立生态文明制度体系，必须充分考虑天时、地理、人心和万物等诸多因素，统筹安排，使之符合自然演变规律、经济社会发展规律和人类文明发展规律。

185.毋竭川泽，毋漉①陂②池。（《礼记·月令》）

【注】①漉（lù）：使干涸，使枯干。②陂（bēi）：池塘。

【译】不要使山川河流之水枯竭，不要使池沼之水干涸。

【解】《礼记》是两汉时期编撰整理的一部儒家典籍。《月令》按照一年12个月的时令，主要记录政府的祭祀礼仪、法令和禁令。该文提出，人类开发利用水资源，必须用之有度，不能使河流和池沼干涸。

山川湖泊是人类生存、生活和发展的自然条件。人类对山川湖泊的开发利用，必须在利用和保护之间保持动态平衡，实现自然资源的不断再生，以达到永续利用的目的。对此，习近平总书记指出，要让透支的资源环境逐步休养生息，扩大森林、湖泊、湿地等绿色生态空间，增强水源涵养能力和环境容量。

186.不违农时，谷不可胜食也；数罟①不入洿池，鱼鳖不可胜食也；斧斤以时入山林，材木不可胜用也。（《孟子·梁惠王上》）

【注】①数罟（cù gǔ）：细密的渔网。

【译】不违背农耕时令，则谷物粮食就不可能吃得完；不用细密的渔网在池塘里捕鱼，则鱼鳖就吃不完；在合适的时令拿着斧头进入山林砍伐，则木材不会用尽。

【解】孟子提出，人类必须按照自然万物的本性来加以开发和利用，遵循春生、夏长、秋收、冬藏的时令从事农渔业生产，利用动植物为自身服务，懂得适时休养生息，而不能一味地盲目索取，坚决反对焚林而田、竭泽而渔、覆巢毁卵等短视行为。

建设生态文明，必须正确处理好经济社会发展与生态环境保护的关系。经济社会发展不应是对生态环境和自然资源的竭泽而渔，生态环境保护也不应是舍弃经济社会发展的水中捞月，而是要坚持在发展中保护、在保护中发展，实现经济社会发展与人口、资源、环境相协调。要始终坚持和贯彻绿色发展的理念，坚决摒弃以牺牲生态环境换取一时一地经济增长的错路，让优美生态环境成为人民群众提升生活品质的增长点、经济社会持续健康发展的落脚点、展现我国良好形象的发力点，大踏步迈进生态文明新时代。

187.苟①**得其养，无物不长；苟失其养，无物不消。（《孟子·告子上》）**

【注】①苟：如果，假使。

【译】如果得到了必要的滋养，没有什么东西是不能生长的；如果失去了必要的滋养，没有什么东西不消亡。

【解】孟子认为，仁爱是人的最高美德，既是内在的，又是外在的。只有把仁爱施及自然万物，滋养自然万物使其顺利生长、发展繁荣，平民百姓才富足，自然万物才平衡，生态环境才和谐。

建设生态文明，贵在人的行动。新中国成立之初，河北省塞罕坝是人迹罕至的茫茫荒原。经过三代建设者的苦干实干，现在塞罕坝已有112万亩森林，2017年12月被联合国授予"地球卫士奖"。相反，河西走廊、黄土高原都曾经水丰林茂，适宜耕植，由于人为的毁林开荒、乱砍滥伐，致其自然环境遭到严重破坏。楼兰古城则因屯垦开荒、盲目灌溉，没有对生态环境进行有效的保护和修复，导致孔雀河改道而日渐衰落。建设社会主义生态文明，关系各行各业、千家万户，既需要政府自上而下的顶层设计，也需要群众自下而上的普遍行动，形成人人参与、人人共享的强大合力。

188.强本①**而节用，则天不能贫。（《荀子·天论》）**

【注】①本：中心的，主要的。

【译】如果能够加强农业生产，注意节约用度，则上天也不会使人陷入贫困。

【解】从中国古代农业经济占据主导地位的实际出发，荀子提出，农业生产是经济社会发展的根本，加强农业生产并注意节约自然资源，就可以使人民脱离贫困，增进人民的福祉。

　　绿色发展是实现高质量发展的应有之义，也是解决突出环境问题的根本之策。推动绿色发展，就要坚持节约资源和保护环境的基本国策，坚持节约优先、保护优先、自然恢复为主的方针，努力实现经济社会发展和生态环境保护协同共进。在2018年5月18日召开的全国生态环境保护大会上，习近平总书记强调："绿色发展是新发展理念的重要组成部分，与创新发展、协调发展、开放发展、共享发展相辅相成、相互作用，是全方位变革，是构建高质量现代化经济体系的必然要求，目的是改变传统的'大量生产、大量消耗、大量排放'的生产模式和消费模式，使资源、生产、消费等要素相匹配相适应，实现经济社会发展和生态环境保护协调统一、人与自然和谐共处。"他要求把绿色经济作为新的增长引擎，坚持生态产业化、产业生态化，加快发展有技术含量、就业容量、环境质量的绿色产业，确立长期的稳定增长、资源消耗和环境保护的新型经济增长模式，不断增强发展的平衡性、协调性和可持续性。

　　189.草木荣华滋硕之时，则斧斤不入山林，不夭其生，不绝其长也。鼋鼍、鱼鳖、鳅鱣孕别之时，罔罟①、毒药不入泽，不夭其生，不绝其长也。（《荀子·王制》）

　　【注】①罔罟（wǎng gǔ）：渔猎用的网具。

　　【译】当花草树木正在开花结果的时候，不能进入山林砍伐。巨鳖、鳄、泥鳅、鳝鱼等产卵时，不能用渔网、毒药捕捞，不使其生命夭折，不断绝它们的生长。

　　【解】荀子的生态观有着辩证性质：一方面，他提出"制天命而用之"的主张。荀子宣称，与其等待天道的恩赐，不如"治天命""裁万物"，认识天道的目的就是能够支配天道而主宰生态系统。另一方面，他又认为，利用自然规律为人类服务有一个根本前提——人对自然资源的开发利用必须取之有时、用之有度。

人类要生存、生活和发展，必然要同自然界进行一定的物质和能量交换，不可避免地对动植物进行开发利用。但是，动植物有其生长的规律，人类向自然索取要取之有度，即"不夭其生，不绝其长"，不能削弱自然的持续供给和再生能力。否则，只顾一味索取，不知休养生息，就会使人类社会可持续发展的链条断裂。

190.修火宪，养山林薮泽①草木鱼鳖百索，以时禁发，使国家足用而财物不屈。（《荀子·王制》）

【注】①薮泽（sǒu zé）：水草茂密的沼泽湖泊地带。

【译】修订防火的法令，保养山林湖泊的草木鱼鳖和各种菜蔬，根据季节时令来禁止或者开放捕捞，使得国家有充足的费用而财物不尽。

【解】对于生态环境，荀子提出不能顺其自然，而是要"制天命而用之"，强调人类在自然法则面前要充分发挥主观能动性，既积极开发利用，又适时加以保护，使生态环境更好地为人类服务。这样，就会国富民强。

习近平总书记指出："环境就是民生，青山就是美丽，蓝天也是幸福。发展经济是为了民生，保护生态环境同样也是为了民生。""要坚持生态惠民、生态利民、生态为民，重点解决损害群众健康的突出环境问题，加快改善生态环境质量，提供更多优质生态产品，努力实现社会公平正义，不断满足人民日益增长的优美生态环境需要。"满足人民日益增长的美好生活需要，离不开丰厚的物质基础和优美的生态环境。二者相辅相成，缺一不可。生态文明建设能够推动物质财富与生态财富共同增长，实现环境质量与生活质量同步提高，从而达致国富民强和人与自然和谐共生的理想状态。

191.群道当则万物皆得其宜，六畜①皆得其长，群生皆得其命。故养长时，则六畜育；杀生时，则草木殖。（《荀子·王制》）

【注】①六畜：与人们生产、生活密切相关的六种家畜，包括猪、牛、羊、马、鸡、狗。

【译】如果组织方式恰当，那么万物都可以得到合适的安排，猪马牛羊鸡犬都能够繁衍生息，所有生物都能够获得生命。所以，当饲养的牲畜适时生长，六畜就能够繁育；砍伐种植时令合适，草木就能够茂盛繁荣。

【解】在生态治理上，荀子极其重视制度建设。《荀子·王制》："君者，善群也。群道当，则万物皆得其宜，六畜皆得其长，群生皆得其命。故养长时，则六畜育；杀生时，则草木殖；政令时，则百姓一，贤良服。"其意思是，君主必须善于组织社会和建立制度。如果组织方式和管理制度恰当，可以使万物繁荣发展，可以使家畜繁衍生息。

建设生态文明，制度建设是关键，其涉及生产方式、生活方式、价值观念和思维方式的革命性变革，必须通过有效的制度安排将人类活动控制在自然生态可调节、可维持、可持续的范围内。而加强生态文明制度建设的目的，就是要让当前发展不能成为未来发展的障碍，眼前利益不能成为长远利益的羁绊，当代人不能影响后代人的发展。

只有实行严格的制度、严密的法治和严厉的监督，才能为生态文明建设提供可靠保障。当前，我国生态环境保护中存在的突出问题，大都与体制不完善、法治不完备、监督不完密有着极大关联。我们必须把制度建设尤其是法治建设作为推进生态文明建设的重中之重，建立健全生态文明建设制度，着力破解制约生态文明建设的体制机制障碍。

192.无夺民时，使民岁不过三日，行什一之税①……则树木华美而朱草生……纵恣不顾政治，事多发役以夺民时，作谋增税以夺民财……则茂木枯槁。（《春秋繁露·五行顺逆》）

【注】①什一之税：古代农民向官府缴纳的土地税，约为亩产量的十分之一。

【译】不要侵夺农民的农时，使民众劳役的时间不超过三天，实行缴纳亩产量十分之一的税制……于是草木也会光艳美丽，而朱红色的草木就会生长出来。……肆意放纵，不顾及政事，过多征役，致使农时延误，只是设法增加税收，夺取民众财产……于是茂盛的草木枯萎。

【解】早在西汉时期，中国古人就认识到农业生产、财政政策与生态环境之间的密切联系。在《春秋繁露·五行顺逆》中，董仲舒提出，如果民众从事农业生产的时间不受耽误，征税不要过重，那么民众就会自觉地保护生态环境，草木就会繁荣生长。相反，如果让民众承担过多的劳役和税收，甚至剥夺民众的财产，就没有人愿意从事农业生产，就没有人自觉地保护生态环境，草木也会枯萎。

经济建设、社会建设与生态文明建设密切相关。如果遵循自然规律、减轻人民负担，走上富裕道路的群众便会自觉地维护良好的生态环境，使山更绿、水更清、天更蓝、地更洁。在经济发展与生态保护关系上，一定要算大账、长远账、整体账、综合账，把绿色发展理念融入经济建设和社会建设中，不能因小失大、顾此失彼。我们必须坚持"既要绿水青山又要金山银山""宁要绿水青山不要金山银山""绿水青山就是金山银山"等绿色发展理念，坚持产业生态化、生态产业化，做到经济发展和生态保护一起守，实现百姓富与生态美的有机统一。

193.夫有物必有则①。……圣人所以能使天下顺治，非能为物作则也，惟止之各于其所而已。（《近思录·治体》）

【注】①则：规程，制度。

【译】万物都有自身的法则。……圣贤的人之所以能顺利治理天下，不是为万物制定规则，而只是让他们各自安于恰当的位置。

【解】《近思录》是南宋朱熹和吕祖谦按照理学思想体系共同编撰的一部著作，以此作为学习理学著述的阶梯。这段话的意思是，自然万物都有其产生、成长、演变的法则。圣人治理天下，并不是为自然万物制定法则，而是使自然万物各安其所、各得其宜。

建设生态文明，不能藐视自然规律，更不能创造和消灭自然规律，而是必须尊重自然、顺应自然、保护自然，使自然万物各安其所，让自然美景永驻人间，还自然以宁静、和谐、美丽。建设生态文明，要以尊重自然规律为基本准则，以可持续发展、人与自然和谐共生为根本目标，坚定不移地走生产发展、生活富裕、生态优美的文明发展道路，建设美丽中国。

194.若田之三驱，禽之去^①者从而不追，来者则取之也。（《近思录·治体》）

【注】①去：离开。

【译】像打猎的时候从三个方向驱逐禽兽，逃走的禽兽不去追逐，自己跑来的则猎取之。

【解】宋代理学家继承和发扬了先秦儒家的"仁爱"思想。理学家提出，捕猎禽兽可以为人提供肉类并改善人的生活，但是，捕猎禽兽必须有限度，不能赶尽杀绝，而应网开一面、穷兽莫追。

保护好生物多样性，对人类的生存和发展具有极为重要的意义。为此，要着力做好以下工作：扩大野生动物保护范围，保护有重要生态、科学、社会价值的野生动物，拯救珍贵、濒危野生动物；加强以自然保护区为主的就地保护建设，扩大保护区数量和面积，加强生物廊道和保护区群建设，提高彼此之间的连通性；加强迁地保护建设，优化动物园、植物园布局，建设一批区域生物遗传资源库和种质资源库；继续实施退耕还林、退牧还草、湿地保护与恢复等重点生态工程，推进重要生态系统保护与修复；进一步落实《联合国生物多样性十年中国行动方案》，提高公众保护意识，创造全民参与生物多样性保护的良好氛围。

195. 圣人无一事不顺天时，故至日①闭关。（《近思录·治法》）

【注】①至日：冬至、夏至之日。

【译】圣人没有一件事不顺从天道运行的规律，所以到冬至、夏至日时就会关闭城门。

【解】在《近思录·治法》中，朱熹明确提出，"天人一理"，天之理化为人之理，圣人根据天道运行制定政策、安排生产和治理国家，有张有弛，在农忙时辛苦劳作，在空闲时休养生息。

人们必须根据自然规律和时节变化统筹安排农渔业生产，给生态环境留下休养生息的宝贵时间和充足空间，而不能以牺牲生态环境为代价去换取一时一地的经济发展。例如，浙江省桑基鱼塘生态农业模式就是"顺天时"的样板，正月、二月放养鱼苗；三月、四月为桑树施肥；五月养蚕，六月卖蚕，蚕蛹用来喂鱼；七月、八月进行鱼塘清淤，用塘泥加固塘基；年底除草喂鱼。这不仅可以缓和人、地、水、树等的紧张关系，还可以较好地保护生态环境。

196. 问："如何可治河决之患？"曰："汉人之策，令两旁不立城邑，不置民居，存留些地步与他，不与他争，放教他宽，教他水散漫，或流从这边，或流从那边，不似而今作堤去圩①他。"（《朱子语类》卷二）

【注】①圩（wéi）：中国江淮低洼地区周围防水的堤。

【译】问："怎样才能治理河岸决堤的忧患？"朱熹答："汉人的政策，命令河的两旁不修建城市，不安置居民，保留一些土地与河水，不和它争，只教它更宽广的流淌，让它的水或者流向这边，或者流向那边，而不是像现在这样用圩堤去困住它。"

【解】在与潘子善的对话中，朱熹提出，治理水患宜疏不宜堵，不要因为城市修建、居民安置而抢占原本河流的河道，要使河流有着更为宽广的流域。这是一种古老的中国智慧。

近年来，一些地区时常河水泛滥甚至发生决堤，其重要原因之一就是人类侵占了河流的空间。河流的水量会随着季节的变化而呈现较大的涨落，需要预留空间以利于汛期泄洪。问题在于，一些城镇过度扩张，与水争地，侵占河道，填河造楼，严重影响河道防洪排洪能力。对此，我们必须严守生态保护红线、环境质量底线、资源利用上线三条线，共抓大保护，不搞大开发，把原本属于河流湖泊的生态空间归还给河流湖泊，加快形成节约资源和保护环境的空间格局、生产方式和生活方式。

197.盖天做不得底，却须圣人为他做。（《朱子语类》卷十四）

【译】天地自己做不得事情，却需要圣人替他完成。

【解】在《朱子语类》卷十四中，朱熹指出，天地与人各有其职责，也各有其局限，彼此不能取代。他充分肯定人尤其是圣人的能动性和创造性。在他看来，聪明超凡的圣人是历史的创造者，只要掌握了天理，就可以超越天地之所不能，去修道、立德、立言并教化百姓。

尊重自然、顺应自然、保护自然，并不是说人在大自然面前无能为力。人类通过自觉活动能够认识自然规律和利用生态环境。人类的生存、生活和发展离不开对大自然的认识、改造和利用，而顺应自然、科学作为可以有助于生态环境的修复与改善。在条件原来就恶劣的地区，或者在由于破坏时间长、生态环境不可逆转退化，即使完全封禁保护，人类不再干扰、破坏，自然恢复也几无可能的地区，要坚持自然恢复与人工治理相结合，开展生态修复治理工程。

【道家】

198.知常曰明，不知常，妄①**作，凶。（《老子》第十六章）**

【注】①妄：胡乱，荒诞不合理。

【译】认识了万物返本归初的规律就叫作聪明，不认识自然规律，恣意妄为，就会有灾凶。

【解】老子强调"知常"，亦即认识自然规律。老子说："夫物芸芸，各复归其根，归根曰静，是谓复命。复命曰常，知常曰明。不知常，妄作，凶。"如果一个人认识和了解制约自然万物消长盛衰的内在规律，就有着人生的大智慧。相反，如果一个人不认识和把握自然规律，胡作非为，恣意妄为，则会导致凶险和灾难。

自然界是一个极其复杂的生态系统，有其固有的、不以人的意志为转移的客观规律。随着人类认知和科学技术的不断进步，自然界纳入"人化"系统中的范围不断扩展。自工业革命以来，科学技术在为人类创造财富的同时，也丰富了人对自然的认识。然而，由于生态系统的复杂性和人类认知的局限性，到目前为止，人们对自然规律的了解还不够全面、完整和准确。因此，人与自然相处必须遵循尊重自然、顺应自然、保护自然的理念，否则，就会危及人类社会的生存和发展。

199.辅①**万物之自然而不敢为。（《老子》第六十四章）**

【注】①辅：帮助，佐助。

【译】帮助万物按照自己的趋势去发展，不敢违背自然规律。

【解】老子反复强调，人类应该遵循自然之道，效法"道"的自然无为，按照万物的自然本性辅助万物发展而不妄加干涉，自觉地顺应自然万物形成的时空秩序而不对其进行干扰和破坏，更不应该把自己凌驾于自然万物之上，以征服者的姿态无情地掠夺自然，反自然之道而行之。

　　人类社会的发展，必须尊重自然规律而不能胡作非为。马克思对资本主义生产方式进行了批判，认为"资本主义生产方式以人对自然的支配为前提"，这种异化的生存状态将导致人与自然的多重矛盾。当前，加强生态文明建设要求摒弃以人类中心主义为主旨的工业文明价值观，运用生态文明的理念和技术，对"大量生产、大量消耗、大量排放"的工业化模式进行生态化改造，使经济社会发展与生态环境退化脱钩。

　　200.天之道，损^①有余而补不足。人之道则不然，损不足以奉^②有余。
（《老子》第七十七章）

　　【注】①损：减少。②奉：供养，伺候。
　　【译】大自然的规律，是减少多余的以弥补不足的。但是，社会的法则并非如此，是减少不足的来供养有富余的人。
　　【解】老子的价值取向是，高扬自然的作用而贬低社会的价值。他认为，自然界的运行规律是减少有余的、补给不足的，以实现自我调节、自我修复和自我更新，使自然万物趋向平衡。相反，社会运行不是如此，而是以少补多，使贫者愈贫、富者愈富。
　　建设生态文明，必须使自然万物实现相对平衡和动态演进。生态系统具有自我调节、自我修复和自我更新的功能，通过其特有的循环机制和反馈机制，从而保持能量和物质的输出与输入、结构和功能处于良好状态。与之相适应，人类必须对自己的行为做出约束、限制和监督，尽可能减少对自然万物的干扰和损害，使人与自然和谐共生。

　　201.乱天之经，逆^①物之情，玄天^②弗成。（《庄子·在宥》）

　　【注】①逆：抵触，不顺从。②玄天：泛指天。

【译】扰乱自然的规律，违逆万物的本性，自然的演化不能形成。

【解】道家主张"自然无为"，并不是简单地排斥人为，而是排斥那种违反自然规律且随意强加意志于万物的人为。可以说，遵循自然规律和尊重万物本性的作为即是自然无为，违背自然规律和拂逆万物本性的作为则是胡作非为。基于此，庄子倡导"不以心捐道，不以人助天"。

尊重自然、顺应自然、保护自然，必须摒弃人类中心主义的价值立场，以遵循自然规律为根本前提，以"生态兴则文明兴"为发展理念，以人与自然和谐共生为发展目标。在人类中心主义的支配下，人类扭曲了自身与自然的关系，以漠视取代尊重，以征服取代顺应，以掠夺取代保护，其结果必然导致资源短缺、环境污染和生态破坏等严重问题，使大自然对人类生存和发展的重要作用被削弱甚至失效。

202.天地有大美①而不言。（《庄子·知北游》）

【注】①美：一说为美丽，一说为美德。

【译】天地有滋养万物的美德却不言说。

【解】《庄子·外篇·知北游》曰："天地有大美而不言，四时有明法而不议，万物有成理而不说。圣人者，原天地之美，而达万物之理。是故至人无为，大圣不作，观于天地之谓也。"即是说，自然环境是美丽的，隐含着滋养万物的美德。在道家看来，自然是真善美的源泉，也是美好生活的根基，能给人提供生活的物品、审美的享受和精神的慰藉。

良好生态环境是最普惠的民生福祉，是能够提升人民群众获得感、幸福感、安全感的公共产品。随着社会生产力的快速发展和人民生活水平的显著提升，人民群众的需要呈现多元化、多维度、多层次的特点，人民群众对生态环境质量的需求越来越迫切、越来越高。发展经济是为了民生，保护生态环境也是为了民生。必须坚持以人民为中心的发展思想，做到生态惠民、生态利民、生态为民，把解决突出环境问题作为优先领域，提供更多优质生态产品，满足人民群众对良好生态环境的新期盼。

【杂家】

203.地之生①**财有时，民之用力有倦**②**。（《管子·权修》）**

【注】①生：造出。②倦：疲乏。

【译】大地创造财物有时间限制，民众用力劳役也有倦怠的时候。

【解】这句话出自《管子·权修》。所谓"地之生财有时"，是指大地的承载力是有时间限制的，因此，不能不间断地耕种土地，必须适时轮作休耕；所谓"民之用力有倦"，是指民众的劳作也有身体倦怠的时候，因此，不能无休止地使用人力，必须让民众休养生息。同样，英国古典政治经济学家威廉·配第（William Petty，1623年—1687年）所谓"劳动是财富之父，土地是财富之母"，正是此意。

人类需求的无限性与自然资源的有限性之间的矛盾是人类生存和发展过程中的永恒矛盾。由此，要把尊重自然环境承载的限度与人类社会的永续发展结合起来，这是对自然规律的尊重。人类社会的发展，是以对自然环境的改造、开发和利用为基础的，但这种改造、开发和利用一定要有限度。如果超过大自然的限度，自然环境的改造、开发和利用便不可持续，人类的发展也会陷入困境。只有确定合理的人口规模、合适的资源利用方式和强度，才能保证人口、资源与环境的协调发展。

204.圣人之处①**国者，必于不倾之地，而择地形之肥饶者。乡**②**山，左右经水若泽。（《管子·度地》）**

【注】①处：决定，决断。②乡：通"向"，指将近，接近。

【译】圣人在建设国家都城时，一定会选择平坦不倾覆的地势，而且是土壤肥沃、地产丰饶的地方。临山，左右两边有河流或者湖泽提供水源。

【解】《管子·度地》是论述整治水利和城市建设的著述。春秋时期齐国政治家管仲提出，都城建设必须充分考虑水利因素。与之相适应，管子还提出了一整套整治水利的措施和城市发展规划，其中蕴含着建构生态空间的观念。

城市发展不仅要追求经济目标，还要追求生态目标和文化目标。现在的问题在于一些地方把城市发展片面等同于修建高楼大厦，其结果是参天大树被砍伐或者移植，公共绿地被拦腰切断，众多湖泊被填平造楼，城市生态环境遭到严重破坏。山水林田湖草是城市生命共同体的有机组成部分，不能为了一时的经济效益而损害城市的生态空间、生态质量和生态安全。因此，城市发展必须对生态环境进行统一规划、统一保护和统一修复。

205.因^①天材，就地利，故城郭不必中^②规矩，道路不必中准绳。（《管子·乘马》）

【注】①因：依托，凭借。②中（zhòng）：正对上，正好符合。

【译】依托天然的条件，按照地理优势（修建国都），所以城墙无须方正规整，道路没有必要整齐笔直。

【解】该文出自《管子》，对如何建设国家都城做了详细的规划与说明。管子认为凡是建设都城，即使不把它建立在大山之下，也必须修筑在大河的旁边。高不可近于干旱，以便保证用水的充足；低不可近于水潦，以节省沟堤的修筑。总之，要尽量根据天然资源来设计，要凭借地势之利来修建。

城市规划和建设应该遵循顺应自然的理念。顺应自然并不是完全被动地听命于、服从于、受制于自然，而是要正确地认识自然规律，按照自然规律因地制宜、因时而变、顺势而为，趋利避害地合理改造、开发和利用自然，实现人与自然和谐共生。例如，第一批被联合国命名为"最适宜人居的城市"中唯一位于发展中国家的巴西城市库里蒂巴，在20世纪70年代以前同样出现了人口爆炸、贫穷失业、环境污染等社会环境问题。但在持续30多年的城市建设规划中，市政府采用系统思维解决问题，将环境保护视为城市总体规划的支撑，谋求最大程度地发挥城市绿地的经济效益、社会效益和生态效益。为了改善生态环境，该市充分注重树种的多样化配置，方便野生动物的栖息与取食。天然草地可以放牧，人工草地选取生命力极强的乡土草种，直接与公路和步行道相接，融入城市建筑中。

206.为人君而不能谨守其山林菹泽①草莱②，不可以立为天下王。（《管子·轻重甲》）

【注】①菹（jù）泽：水草繁茂的沼泽地。②草莱：荒芜之地。

【译】做国君的不能守护住自己的山林湖泊等国土，就没有资格做天下诸国的盟主。

【解】在齐国名相管仲看来，轻重之术是治国理财之根本。作为一国之君，必须做到重视农业，重视生产，必须制定有利于农业发展的国家政策，从宏观上把控和指导农事活动。他在《轻重甲》一文中告诫，统治者的职责不仅仅限于守卫疆土，还有保护生态环境的职责。可见，早在春秋战国时期，中国人就有了重视生态环境和自然资源的观念，从某种意义上也可看作是绿色政绩考核机制的萌芽。

加强生态文明建设，必须抓住领导干部这个"关键少数"。习近平同志明确指出，不重视生态的政府是不清醒的政府，不重视生态的干部是不称职的干部。领导干部是生态文明建设的先行者、组织者和引领者，必须充分发挥先导作用和示范效应。领导干部要以习近平生态文明思想武装头脑、真知笃行、深学善用，全面增强生态文明建设的基本素养和领导水平，带头身体力行，发挥好以上率下、引领推动的作用；必须遵循生态文明的理念谋划发展、科学决策，大力推进绿色发展，努力推进生产方式和产业结构绿色转型；要带头爱护生态环境并坚决与破坏生态环境的行为作斗争，带头勤俭节约，带头养成环境友好的消费方式和绿色健康的生活方式，加快建设资源节约型、环境友好型社会。

207.夫和实生物，同则不继。以他平①他谓之和，故能丰长而物归之。若以同裨②同，尽乃弃矣。故先王以土与金木水火杂以成百物。（《国语·郑语》）

【注】①平：均等。②裨（bì）：增添，补助。

【译】和谐才能创造万物，同一是不能继续发展的。用此物均衡他物称之为和谐，所以能一起丰盛而长大，万物才能生生不息。如果把相同的事物叠加在一起，达到极致就会枯竭而无法继续。所以，古代君王用土将金、木、水、火混合化成万物。

【解】《郑语》是整部《国语》里面最有特色的一篇，它描述了郑桓公与太史伯商量周王室衰败，郑国避难东迁之事。在谈及周王室是否会衰亡时，太史伯认为，周幽王不喜欢贤明正直的人，亲近奸险卑鄙之人，否定与自己意见相左的正确主张，采纳与自己一致的错误意见，所以周王室会衰败。在此基础上，太史伯提出了均衡万物、和谐发展的观点，指出"声一无听，物一无文，味一无果，物一不讲"。

和谐相处则万物共生，万物一致则难乎为继，保护生物多样性是人与自然和谐相处的前提。生物多样性可以为人类提供丰富的食物、药物、燃料、原料等资源，有助于保持水土、调节气候、维护生态平衡。相反，生物多样性的丧失会引发食品危险、药物减少、生态脆弱等问题，危及子孙后代的福祉。

208.山林非时不升斤斧①，以成草木之长；川泽非时不入网罟，以成鱼鳖之长；不麛②不卵，以成鸟兽之长。……是鱼鳖归其泉，鸟归其林，孤寡辛苦，咸赖其生。（《逸周书·文传解》）

【注】①斤斧：斧头。②麛（mí）：泛指幼兽。

【译】不到伐木的时候不要举起斧头去砍伐山上的树木，要让草木自然生长；不到捕鱼的时候不要到江河湖泊里去撒网，要让鱼类生养；不猎射幼兽，不夺取鸟卵，让飞鸟走兽顺利长大。……因此，鱼类可以养在水潭，飞鸟走兽可以回到山林，孤寡困苦的人都依靠这些谋生。

【解】这段话出自《逸周书·文传解》，是西伯姬昌（即周文王）临死前告诫自己的儿子姬发（即周武王）应该注意的事项，阐述为官治国理财之道。这些文字说明古代先贤已经注意到要有节制地索取自然资源，一定要顺应天时，注意捕鱼、猎兽时的季节。要加强山林川泽的管理，保持生态平衡，保护好各种生物。打猎时不要捕杀怀孕的母兽或者幼兽，不要驱赶马驹，不要让土地失去其应有的价值。泥土可以制作陶器，低洼潮湿的土地不能种谷子，可以种竹子、芦苇、香蒲等。有碎石的土地可以种植葛藤或者其他杂树，用来织成葛布。只要是空置的土地，圣贤之人都能治理，为老百姓谋求利益。

一个国家的繁荣发展离不开良好的生态环境。人类利用自然资源，必须根据区域自然条件，科学设置开发强度。习近平总书记指出，要以"严格保护、合理开发、持续利用"的原则妥善处理经济发展与生态保护的关系。生态系统的演替尤其是动植物的生长有其自然周期和恢复过程。人们在追求经济社会发展时，必须兼顾眼前利益与长远利益、局部利益与整体利益、个人利益与集体利益，珍惜、顺应、爱护自然资源，多干保护自然、治山理水的实事，多做修复生态、显山露水的好事，真正把"严格保护、合理开发、持续利用"的理念落实到实践操作层面。

209.春生、夏长、秋收、冬藏，天之正①也。（《鬼谷子·持枢》）

【注】①正：正确。

【译】春天萌生，夏天滋长，秋天收获，冬天储藏，这是天道运行的正确规律。

【解】《鬼谷子》又名《捭阖策》，是战国时期纵横家鬼谷子王诩的代表著作。《鬼谷子·持枢》曰："持枢，谓春生、夏长、秋收、冬藏，天之正也，不可干而逆之。逆之者，虽成必败。故人君亦有天枢，生养成藏，亦复不可干而逆之，逆之者虽盛必衰。"《史记·太史公自序》曰："夫春生夏长，秋收冬藏，此天道之大经也。弗顺则无以为天下纲纪。"春天是万物复苏萌生的季节，夏天是作物旺盛生长的季节，秋天是作物成熟收获的季节，冬天是作物休眠储藏的季节，四季正常运行，万物依次演化。如果一个人违背这种季节性规律去做事，即使兴盛一时，也必然会衰败。几千年来，中国古人严格按照春生、夏长、秋收、冬藏的时令开展农业生产，代代相传，生活相继，生生不息。

要做到人与自然和谐共生，要实现可持续发展，其前提是不能违反自然规律。自然环境和生态系统的自身组织演化机制、过程和自发秩序是"好的"，很多时候远远优于人为构建的秩序。由于充分认识到这一点，美国生态学家康芒纳发出了"自然界所懂得的是最好的"的感慨。

210.夫稼，为①之者人也，生之者地也，养之者天也。（《吕氏春秋·审时》）

【注】①为：治理，处理。

【译】庄稼，播种它的是人，让它生存下来的是土地，滋养它的是上天。

【解】中国古人认为，天时尤其是二十四节气决定了农作物是否能够生长，土地的肥沃或者贫瘠决定了农作物的种类和栽培方法，人的努力和生产方式决定了农作物的产量和质量，天、地、人是从事农业生产的三项基本要素，缺一不可。

农业生产离不开天、地、人的共同作用。其中，人是关键因素。如果人类不加强生态环境保护，包含天地在内的生态环境遭到严重破坏，必然会影响农业生产；如果人类不推进生产方式绿色转型，高效利用、低碳节约、资源循环就无从谈起，农业生产只能是低水平产出。

211. 无变天之道，无绝地之理，无乱人之纪①。（《吕氏春秋·孟春纪》）

【注】①纪：纲纪，社会秩序，国家法纪。

【译】不要改变上天的规律，不要破坏大地的常理，不要混淆人伦纲纪。

【解】《吕氏春秋·孟春纪》提出"天道"是永恒不变的，因此，人不能违背自然规律、改变自然规律；"地理"是养育万物的，因此，人不能破坏生态环境和自然资源；"人伦"是维持秩序的，因此，人不能扰乱家庭伦理和国家法纪。

"天之道""地之理""人之纪"是建设生态文明的中心环节，三者相辅相成、缺一不可。所谓"天之道"，就是建设生态文明必须遵循自然规律；所谓"地之理"，就是建设生态文明必须强化生态环境空间管控；所谓"人之纪"，就是建设生态文明必须实行最严格的制度。建设美丽中国，推进绿色发展，需要从遵循自然规律、优化空间布局、改革生态环境监管体制等方面入手，统筹谋划、系统施行、全程管控、全民参与、久久为功。

212. 始生之者，天也；养成之者，人也。能养天之所生而勿撄①之，谓

之天子。天子之动也，以全天为故者也。此官之所自立也。立官者以全生也。（《吕氏春秋·本生》）

【注】①撄：扰乱，纠缠。

【译】最开始创造生命的，是上天；孕育滋养万物的，是人；能够培育上天所创造的生命而不去扰乱的人称之为天子。天子的行为是为了保障生命的正常存在，这也是官职设立的原因。设立官职，就是为了保全生命。

【解】在《吕氏春秋·本生》中，中国古人提出，天化生自然，人培育万物，天子的职责之一就是保全生命并使自然万物有序。可见，天子的职责不仅仅限于社会治理和人事安排，其范围也涵盖生态治理和环境保护。

加强生态文明建设，领导干部必须树立正确的政绩观。领导干部干事创业，既要算经济账，也要算生态账，想明白、弄清楚环境能不能承载，资源有没有浪费，老百姓的生态权益有没有受到危害，将来会不会造成环境损害和生态灾难，确保若干年后能够经受得住历史和人民的评判。2016年12月，中共中央办公厅、国务院办公厅印发了《生态文明建设目标评价考核办法》，把关于"不简单以GDP论英雄"的要求落到实处，突出"以生态文明建设论英雄"，树立了政绩考核的新导向，将环境改善情况与干部考核挂钩。

213.天曰顺，顺维①生；地曰固，固维宁；人曰信，信维听。三者咸当，无为而行。行也者，行其理也。（《吕氏春秋·序意》）

【注】①维：保持。

【译】上天顺行，顺行才能创造生命；地要坚固，坚固可保持安宁；人需诚信，诚信才能听别人的意见。天、地、人三者都各得其所，顺势而行。行的意思，就是行循理数。

【解】这段话的意思是，上天顺利运行而化生万物，大地稳定坚固而保持安宁，人们诚实守信而懂得倾听，天、地、人各安其位、各得其所，就达到和谐共生的良好状态。

党的二十大报告指出，中国式现代化是人与自然和谐共生的现代化。人与自然万物和谐共生，这是和谐社会的基本特征之一，也是构建和谐社会的基础。习近平总书记指出："青山绿水，山峦峰谷，这是自然的和谐；天有其时，地有其财，人有其治，天人合一，这是人与自然的和谐；尊老爱幼，夫妻和睦，邻里团结，谅解宽容，与人为善，这是人与人之间的和谐；社会各阶层平等和谐，兼容而不冲突、协作而不对立、制衡而不掣肘、有序而不混乱，这是社会分工和社会内部的和谐。"这种人与自然和谐共生的良好局面正是中国特色社会主义建设的应有之义。

214.圣人深虑①天下，莫贵于生。（《吕氏春秋·贵生》）

【注】①虑：思考。

【译】圣贤的人深思熟虑天下大事，认为没有什么比生命更珍贵。

【解】《吕氏春秋》的核心思想之一就是"贵生"。吕不韦认为，维护生命是极其重要的，要完整地认识人生的意义，必须全面实现和提升生命的价值和尊严。"贵生"不单单是肉体生命的延续，而是强调个体要愉快而尊严地活着，在有限的人生中活出生命的高度、质量和价值。

个体生命的可珍可贵离不开高效生产、美好生活和美丽生态。与之相适应，治国理政的根本，在于必须提升个体生命的价值，必须紧紧围绕生产、生活和生态三个主题，必须坚持人与人、人与社会、人与自然和谐共生，实现高效生产、美好生活和美丽生态的有机统一。生产精则百姓富，生活好则百姓幸，生态兴则文明兴，经济建设、社会建设与生态文明建设是紧密相连、融为一体的。

215.欲致①鱼者先通水，欲致鸟者先树②木；水积而鱼聚，木茂而鸟集。（《淮南子·说山训》）

【注】①致：求取，获得。②树：种植，培育。

【译】要想得到鱼就要先放水，要得到鸟就先栽培树木；水积蓄多了则鱼就聚集了，树木茂盛了则鸟就聚集了。

【解】自然万物是有机统一的、相互依存的，鱼的命脉在水，鸟的命脉在树，人类的命脉则在水、树、鱼和鸟等自然资源。养鱼必先蓄水，引鸟必先植树。如果砍光了林、抽干了湖，鱼和鸟就失去了栖息地，人类也就失去了可利用的自然资源。

生态系统是各种要素相互依存而实现循环发展的自然链条。无论是山水林田湖草，还是人鱼鸟兽昆虫，都是生态系统的一部分或者生物链的一个环节，同其他部分或者其他环节存在密不可分的联系。生态系统受到破坏，也会殃及人类的生存和发展。因此，必须统筹山水林田湖草一体化保护与修复，加强高山、森林、草原、冰川、河流、湖泊、湿地、海洋等自然生态保护，提升生态系统健康和永续发展水平。

216.竭①泽而渔，岂不获得？而明年无鱼；焚薮而田，岂不获得？而明年无兽。（《吕氏春秋·义赏》）

【注】①竭：尽，用尽。

【译】把池塘的水排干了捕鱼，怎么会没有收获？但是下一年就不会再有鱼可捕捞了；烧毁山林而打猎，怎么会没有收获？但是下一年就没有野兽可猎取了。

【解】加强生态系统保护，关键在于坚守底线思维。习近平总书记在省部级主要领导干部学习贯彻党的十八届五中全会精神专题研讨班上讲话时引用了原文。2013年9月5日，习近平在俄罗斯圣彼得堡参加G20领导人峰会上的讲话中，再次强调："杀鸡取卵、竭泽而渔式的发展是不会长久的。"在2018年5月召开的全国生态环境保护大会上，习近平同志强调："人类进入工业文明时代以来，传统工业化迅猛发展，在创造巨大物质财富的同时也加速了对自然资源的攫取，打破了地球生态系统原有的循环和平衡，造成人与自然关系紧张。""要加快划定并严守生态保护红线、环境质量底线、资源利用上线三条红线。对突破三条红线、仍然沿用粗放增长模式、吃祖宗饭砸子孙碗的事，绝对不能再干，绝对不允许再干。在生态保护红线方面，要建立严格的管控体系，实现一条红线管控重要生态空间，确保生态功能不降低、面积不减少、性质不改变。在环境质量底线方面，将生态环境质量只能更好、不能变坏作为底线，并在此基础上不断改善，对生态破坏严重、环境质量恶化的区域必须严肃问责。在资源利用上线方面，不仅要考虑人类和当代的需要，也要考虑大自然和后人的需要，把握好自然资源开发利用的度，不要突破自然资源承载能力。"他强调在生态环境保护问题上，必须划定红线、守住底线，不能越雷池一步，否则就要受到惩罚。在生态文明建设中，只有坚守底线思维并付诸实践，才能实现经济社会与资源环境的协调发展。

217.良田变生蒲苇，人居沮泽之际，水陆失宜，放牧绝种，树木立枯。……土薄水浅，潦^①不下润。故每有水雨，辄复横流，延及陆田。（《晋书·食货志》）

【注】①潦（lào）：通"涝"，指雨水过多。

【译】好的田土会长出香蒲和芦苇，人们住在水草丛生的沼泽地带，水田陆田都受影响，放出去的牲畜吃完了草，草木枯萎。……土地贫瘠不能积水，雨水过多不能浸润入土。所以，每当有雨水时，总会泛滥，流到陆田。

【解】《食货志》是中国纪传体史书中专述经济史的作品，有着极高的史料价值，记录了西晋名臣杜预对涝灾原因的精辟分析及其应对措施。公元278年即咸宁四年，西晋州郡连降暴雨导致大面积涝灾。杜预指出，造成涝灾的根本性原因是粗放滥垦、火耕水耨和陂竭年久失修。杜预认为："无为多积无用之水，况于今者水涝瓮溢，大为灾害。"所以"宁泻之不蓄"，即应该"坏陂宣泻"。

习近平总书记在2020年9月22日在第七十五届联合国大会一般性辩论上的讲话中指出："（新冠肺炎疫情）启示我们，人类需要一场自我革命，加快形成绿色发展方式和生活方式，建设生态文明和美丽地球。人类不能再忽视大自然一次又一次的警告，沿着只讲索取不讲投入、只讲发展不讲保护、只讲利用不讲修复的老路走下去。"可见，开发利用生态环境必须与加大生态保护与修复并行，才能实现经济社会的可持续发展。合理开发利用是严格保护修复的目的，也是持续向好发展的前提，保护修复的目的并不是限制人类的发展，而是提高自然资源的利用效率和明确人类社会的生态责任，更好地实现人类的可持续发展。一味地开发利用生态环境，没有采取切实有效的措施加大生态保护与修复，必然会对生态环境造成严重破坏。

218.顺天时，量①地利，则用力少而成功多。（《齐民要术》）

【注】①量：审度，衡量。

【译】顺应自然运行的时序，审度衡量地理优势，就可以付出很少的力气却获得更多的收获。

【解】该文出自中国古代五大农书之首的《齐民要术》，结合中国传统的"三才（天—地—人）"观念，描述了季节气候、地理土壤与农作物收成之间的关系。农业是以自然再生产为基础的经济再生产，受自然界季节气候变化的影响较大。土地是农业生产的基本生产资料，要根据不同地区的地理优势安排农业生产活动。因此，人们不能随心所欲，违背客观规律去劳作，否则就会"入泉伐木，登山求鱼，手必虚；迎风散水，逆坂走丸，其势难"，真正是劳而无功。因此，我们要顺应天时地利，保护好生态环境。

保护生态环境就是保护生产力，改善生态环境就是发展生产力。尊重自然就是要承认自然本身具有自我调节、自我发展、自我恢复的功能，不要人为地干扰自然的这种功能。按照自然规律办事，对人类来说也可以带来经济成本的节约和经济效益的增值。保护生态环境就是保护自然价值和增值自然资本，从一定意义上就是保护经济社会发展的潜力和后劲。因此，保护生态环境应该且必须成为发展的应有之义。

219.城，以盛^①民也。（《说文解字》）

【注】①盛：接受、容纳。

【译】城市用来接受容纳居民。

【解】这句话出自许慎《说文解字》。民乃城之本，城为民所建。城市发展要注重系统性、协同性和宜居性的有机结合，把握好生产空间、生活空间和生态空间的内在联系，统筹生产、生活、生态三大布局，实现生产空间集约高效、生活空间宜居适度、生态空间山清水秀，让人们的生活更加美好，不断推动城市高质量发展、整体性发展、可持续发展。

220.地虽瘠薄^①，常加粪灰，皆可化为良田；多积粪壤，不惮^②叠施补助，一载之间，即可数收，而地力新壮，究不少减；产频气衰，生物之性不遂，粪沃肥滋，大地之力常新。（《知本提纲》）

【注】①瘠薄：土地因缺少植物生长所需的养分、水分而不肥沃。②惮：怕，畏惧。

【译】土地纵然贫瘠不肥沃，但经常给土壤施加粪便或草灰，就可以变成肥沃的田土；多收集粪便用于土壤，不怕叠加施肥补给之苦，一年之内，就可以多次获得收成，而土壤肥力更新壮实，就不会减少产量；土地耕作久了，连续产出，土地的肥力就减弱了，万物就不能按照本性生长，需要加入粪便使其肥沃，大地的肥力就可以时时恢复如新了。

【解】《知本提纲》的作者是清代杨屾（1699年—1794年），陕西兴平人，一生厌恶"八股"取士制度，曾在家乡讲学授徒，兼营农桑，该书即为他的讲学提纲，并由其门人郑世铎详加注释。该书提出，在农业生产中，天时地利极为重要。人们无法控制和改变季节气候，但作为"万物之本原，诸生之根菀"的土地在一定程度上却是可以通过人力改变的。因此，中国古代劳动人民将改善农业环境的努力更多地放在了土地上。他们通过不断的实践，发现土壤质地在很大程度上是可以改善的。即使土地贫瘠，但施加粪便、草灰，可以增加土壤的肥力，所谓"土壤气脉，其类不一，肥沃硗埆，治之各有宜也"，正是此意。既然土壤有气脉，可盛可衰，那么土壤的肥沃与贫瘠就可以在人力的影响下发生变化。也就是说，农业生产的环境可以通过人类的后期努力得以改善。

马克思把人类劳动分为三个基本要素："有目的的活动或劳动本身，劳动对象和劳动资料。"其中，生态环境是最基础的要素。无论是劳动对象还是劳动资料，都包含着自然因素，劳动本身就是人的体力的自然消耗。基于此，习近平同志强调，改善生态环境就是发展生产力。将生态环境纳入生产力范畴，是习近平同志对唯物史观和生产力理论的发展。"改善生态环境就是发展生产力"要求通过人、财、物的投入和科学技术的改进，努力改善生态环境质量，对已遭到破坏的生态环境进行修复，为生产创造条件，不断提高生产力。例如，针对耕地退化问题，近年来我国扩大轮作休耕制度试点，在同一耕地按照不同顺序轮换种植不同作物，或者以复种方式种植，或者只耕不种，或者不耕不种，使超负荷运作的耕地得以休养生息，实现农业生产的可持续发展。

【文学】

221.既方①既皂②，既坚既好，不稂③不莠④。去其螟⑤螣⑥，及其蟊⑦贼⑧，无害我田稚。田祖有神，秉畀⑨炎火。（《诗经·小雅·大田》）

【注】①方：通"房"，指谷穗空壳。②皂（zào）：指谷壳结成尚未坚实。③稂（láng）：指穗粒空瘪。④莠（yǒu）：田间似稻的杂草，也称狗尾巴草。⑤螟（míng）：吃稻心的害虫。⑥螣（tè）：吃苗叶的青虫。⑦蟊（máo）：吃稻根的虫。⑧贼：吃稻茎的虫。⑨畀（bì）：给予。

【译】水稻开始抽穗和灌浆结实，很快谷粒坚硬开始成熟了，没有空谷也没有杂草。除掉蛀食稻心的螟虫和食叶的螣虫，以及那些咬食稻根稻茎的虫子，不让害虫祸害我的嫩苗！祈求田祖农神，把害虫们用火烧了吧！

【解】《诗经》是我国最早的一部诗歌总集，其中有大量描述中国古代农业生产生活的内容，反映了古人的生态智慧。这篇《大田》讽刺周幽王政烦赋重，不注重农事生产，导致虫灾频发，稻谷被虫吃，收成受到影响。诗歌重在描写春耕秋敛，强调必须及时防治灾害，尽早去除隐患。就当下而言，在农业生产中，要大力推进生产方式绿色转型，必须实施农药零增长行动，有效降低农药污染。为此，要建设全息化、自动化、智能化田间监测网点，构建病虫害监测预警体系；大力推进专业化统防统治与绿色防控相融合，有效提升病虫害防治组织化程度、规范化标准和科学化水平；要扩大低毒生物农药补贴项目实施范围，在农业生产和农村生活中加速生物农药、高效低毒低残留农药推广应用，逐步淘汰高毒农药。

【故事】

222.牛山之木尝美矣……非无萌蘖①之生焉。牛羊又从而牧之，是以若

彼濯濯②也。(《孟子·告子上》)

【注】①萌蘖(méng niè):萌发的新芽。②濯濯(zhuó zhuó):
山坡上光秃秃的样子。

【译】牛山的树木曾经很茂盛,并非没有新枝嫩芽长出来,但是牛羊
又紧接着被放牧到此,因此它又变成那样光秃秃的了。

【解】这个故事充分体现了孟子仁民爱物、以自然恢复为主的生态发
展思想。在孟子看来,牛山本来树木繁多,但统治阶层的穷奢极欲使得他
们不满足既有的生产力,不断向大自然疯狂索取自然资源,大肆砍伐,毁
坏森林,破坏了生态环境。如果人类顺应万物生长的规律,让被砍伐的树
木有一个萌芽再生的机会,自然生态是可以恢复的。因此,以自然恢复为
主是人类主动承担起保护自然责任的具体体现和理性选择,保护自然应该
建立在尊重自然及其规律的基础上,规范自身行为,寻求人与自然和谐发
展之道,真正做到"节约优先、保护优先、自然恢复为主"的操作要求。
实践证明,人与自然相处,不能只讲索取不讲投入,只讲发展不讲保护,
只讲利用不讲修复。

审美篇

【共三十八条】

　　生态审美观是以生态理念为取向而形成的审美意识，是人的审美行为的生态层面。这种审美意识是人与自然和谐关系的产物，它不仅是人对自身生命价值的体认，也不只是对外在生态美的发现，而是人与自然的关联而引发的一种生命的共感与欢歌。生态审美是中国古人重要的审美观照方式之一，它以天人合一为旨归，具有破除人类中心主义的生态整体意义，是一种人文主义精神的体现。中国古代生态审美主要呈现出四个方面的内涵：

　　其一，生态审美是人与自然之间的一种审美关系。生态审美不是对美的实体性的关注，而是对人与自然关系的审美观照，是由美的客体性向主客关系的超越。如李白的"众鸟高飞尽，孤云独去闲"，揭示出人的心境与自然的契合无间以及人与自然关系之美。再如《豳风·七月》第五章记叙秋虫之鸣云："五月斯螽动股，六月莎鸡振羽。七月在野，八月在宇，九月在户，十月蟋蟀入我床下。"此一节写虫鸣，好像只是自然之景，其景依附于秋虫而有声有色，人却在布景之外。但是，一句"入我床下"又将人与虫联系起来，人与虫、人与自然关系达到和谐圆融之境。

　　其二，生态审美是人与自然平等共生的智慧。生态审美将审美的主体性发展到"主体间性"，强调人与自然的平等共生。如陶渊明《饮酒·其五》诗云："结庐在人境，而无车马喧。问君何能尔？心远地自偏。采菊东篱下，悠然见南山。山气日夕佳，飞鸟相与还。此中有真意，欲辨已忘言。"诗人虽处世俗的社会境域之中，但心境已逃离争夺欺凌之官场。诗人通过对自然之美的感受与体悟呈现出诗人之志与自然之美的融合。"采菊东篱下，悠然见南山"，既是诗人悠闲自得、内心充盈之美的呈现，又是独立而超凡脱俗的南山之美的呈现。诗人之美与自然之美相互独立，又相互影响，呈现出人与自然平等共生的生命旨趣。

　　其三，生态审美是对自然所特有的神圣性、神秘性与潜在审美价值的探究。自然之美不是对人化自然之美的赞誉，而是对自然本身所特有的审美价值的探索。如王勃《滕王阁序》所云："时维九月，序属三秋。潦水尽而寒潭清，烟光凝而暮山紫。俨骖騑于上路，访风景于崇阿。临帝子之长洲，得仙人之旧馆。层峦耸翠，上出重霄。飞阁流丹，下临无地。鹤汀凫渚，穷岛屿之萦回。桂殿兰宫，列冈峦之体势。披绣闼，俯雕甍，山原旷其盈视，川泽盱其骇瞩。闾阎扑地，钟鸣鼎食之家。舸舰迷津，青雀黄龙之轴。虹销雨霁，彩彻云衢。落霞与孤鹜齐飞，秋水共长天一色。渔舟唱晚，响穷彭蠡之滨。雁阵惊寒，声断衡阳之浦。"诗人对"豫章故郡，洪都新府"所在地理环境之美的叙写可谓美不胜收，极尽寒潭、暮山、骖騑、崇阿之美，在"落霞与孤鹜齐飞，秋水共长天一色"中描述了一个彩霞映射、水天相接之静谧而永恒的自然之美。在渔舟唱晚的歌唱中，自然是如此的美丽、神圣而庄严，而人则是自然之美的感受者与接受者。再如苏轼《前赤壁赋》所云："壬戌之秋，七月既望，苏子与客泛舟游于赤壁之下。清风徐来，水波不兴。举酒属客，诵明月之诗，歌窈窕之章。少焉，月出于东山之上，徘徊于斗牛之间。白露横江，水光接天。纵一苇之所如，凌万顷之茫然。浩浩乎如冯虚御风，而不知其所止；飘飘乎如遗世独立，羽化而登仙。"苏轼的文赋呈现出赤壁景致之美妙、神秘、缥缈和永恒。

其四，生态审美是人的一种重要的审美生存方式，体现着人对生命本真生存状态的深层关切。自然是人在审美活动中的重要关照对象，而其中处处投射的却是人的生存境遇与感受。在中国早期诗歌文本中呈现的比兴，即是"两间莫非生意，万物莫不适性"的物象呈示。《诗经》中以纯粹的自然风物起倡的比兴，大抵不出此意。以自然类比人生，即在于诗人是把天地四时的瞬息变化、自然万物的死生消长，都看作生命的见证、人生的比照。生态审美是人回归自然，感受自然之美的重要途径。再如《论语》："子曰：'智者乐水，仁者乐山。智者动，仁者静。知者乐，仁者寿。'"这是以自然之山水类比"仁"与"智"，对此，李泽厚解释道："作为最高生活境界的'仁'，其可靠、稳定、巩固、长久有如山；作为学习、谋划、思考的智慧，其灵敏、快速、流动、变迁有如水。"人在

"乐山乐水"的审美化过程中得以回归自然，人与自然合一，"使人恢复和发展被社会或群体所扭曲、损伤的人的各种自然素质和能力，使自己的身体、心灵与整个自然融为一体，尽管有时它只可能是短时间的，但对体验生命本身极具意义"。

【儒家】

223.曰："莫①春者，春服既成，冠者②五六人，童子六七人，浴乎沂③，风乎舞雩④，咏而归。"夫子喟然叹曰："吾与点也！"（《论语·先进》）

【注】①莫：同"暮"。②冠者：已经行过冠礼的成年人。古代在二十岁行冠礼，表示成年。③沂：水名，源出今山东邹县东北，西流至曲阜与洙水汇合，然后流入泗水。④舞雩：在当时鲁国都城城南的沂水边上，是祭天求雨的高坛。

【译】曾点说："暮春三月，穿上春装，邀上五六个成年人、五六个小孩，在沂水里沐浴，到雩台上吹风乘凉，唱着歌回来。"孔子叹息着说："我赞同曾点啊！"

【解】《论语·先进》载："子路、曾皙、冉有、公西华侍坐。……'赤！尔何如？'对曰：'非曰能之，愿学焉。宗庙之事，如会同，端章甫，愿为小相焉。''点！尔何如？'鼓瑟希，铿尔，舍瑟而作，对曰：'异乎三子者之撰。'子曰：'何伤乎？亦各言其志也。'曰：'莫春者，春服既成，冠者五六人，童子六七人，浴乎沂，风乎舞雩，咏而归。'夫子喟然叹曰：'吾与点也！'""子路、曾皙、冉有、公西华侍坐"是《论语》中非常重要的一则。孔子让学生们在"如或知尔"的假设中各自抒发内心的愿望，展现了孔子与弟子坦率、自由的交流。子路、冉有、公西华各自表达了自己的政治理想。张履祥《备忘录》云："四子侍坐，固各言其志，然于治道亦有次第。祸乱戡定，而后可施政教。初时师旅饥馑，子路之使有勇知方，所以戡定祸乱也。乱之既定，则宜阜俗，冉有之足民，所以阜俗也。俗之既阜，则宜继以教化，子华之宗庙会同，所以化民成俗也。化行俗美，民生和乐，熙熙然游于唐虞三代之世矣，曾皙之春风沂水，有其象矣。夫子志乎三代之英，能不喟然兴叹？"曾点又称曾晳，孔门七十二贤之一，与其子曾参同师孔子。曾晳并未明言其政治理想，并认为是"异乎三子者之撰"，在孔子"何伤乎？亦各言其志也"的鼓励下，表达了他向往在暮春三月的时节与友人浴于沂水，在雩台上吹风乘凉，唱着歌回家。朱熹《论语集注》解释云："曾点之学，盖有以见夫人欲尽处，天理流行，随处充满，无少欠阙。故其动静之际，从容如此。而其言志，则又不过即其所居之位，乐其日用之常，初无舍己为人之意。而其胸次悠然，直与天地万物上下同流，各得其所之妙，隐然自见于言外。"曾晳没有正面讲述他的政治理想，他所谈的不是现实的事功，而是乐道的精神审美呈现，他通过一幅人与自然和谐相生的图景展现了和平恬静、知礼好乐、丰衣足食的礼乐治国观念。曾晳在人与自然的和谐共生与审美关照中传递出孔门礼乐精神与天地万物上下同流的旨趣。

224.岁寒，然后知松柏之后凋①也。（《论语·子罕》）

【注】①凋：凋零。

【译】寒冷的冬天，才知道松树柏树是最后凋零的。

【解】《论语·子罕》载："岁寒，然后知松柏之后凋也。"孔子以松柏对于自然之酷寒的抵御类比人对于自然与社会的抗争，于是松柏成为韧性精神的象征，激励人们以积极的情感与态度面对自然与自我。孔子在自然的观照中将屹立于寒冬中的松柏作为对抗岁寒与苦难的象征，孔门儒学从自然界之松树柏树抗寒的精神中萃取出以松柏为代表的韧性精神与品质。这是从道德审美的层面类比自然与人生，将松柏对抗岁寒作为一种自然之美的呈现，并将这种充满韧性精神的品质作为人类对抗苦难的道德修养。这是康德所谓"道德的象征"，自然之松柏成为道德的象征，中华民族以松柏象征韧性的精神，在物我的观照中进入超越道德的审美本体境界，呈现出人与以松柏为代表的宇宙自然合一的境界。人在自然中，艺术地感受、体验、对抗与战胜苦难。

225.知者乐^①水,仁者乐山。知者动,仁者静。知者乐,仁者寿。
(《论语·雍也》)

【注】①乐(lè):爱好之意。

【译】聪明的人喜欢水,仁爱的人喜欢山。聪明的人喜欢动,仁爱的人喜欢安静。聪明的人时常快乐,仁爱的人往往长寿。

【解】《论语·雍也》云:"子曰:'知者乐水,仁者乐山。知者动,仁者静。知者乐,仁者寿。'"水是流动、变化、灵敏、宽容的象征,山是稳定、长久、可靠、巩固的象征。孔子提出,智者在学习中对于智慧的掌握与运用如同流动不居的水,仁者平静安宁的内心如同稳固常在的山。聪明的人知道变化的道理,并能解决各种变化的问题,于是聪明的人常常快乐。仁爱的人无所谓快乐与不快乐,其内心超越了世俗的享受与快乐,于是他稳固如山,成了无时间的时间:寿。以"山""水"比喻"仁"与"智",是自然的人化、人的自然化,是天人合一的贴切表述。山稳固、可靠、长久、独立不迁的品格成为仁者德行的具体表现,也是仁者寿的呈现。自然之水所具有的流动之姿与变化之态成为智者以变的方式把握世间万物之瞬息万变,以变化发展的眼光与方法来面对世间万物,这是智者在万物时空的变化中始终可以保持快乐之姿的原因。儒学常从自然生态中寻求与人生品格相类的质素,在自然的感受与效仿中呈现人与自然的融合与互动,是其天人合一精神的呈现。人在自然中发现人性之美,人性之美反映于人心,人与自然和谐融合,亦如钱穆《论语新解》解释云:"道德本乎人性,人性出于自然,自然之美反映于人心,表而出之,则为艺术。故有道德者多知爱艺术,以此二者皆同本于自然也。《论语》中似此章富于艺术性之美者尚多,鸢飞戾天,鱼跃于渊,俯仰之间,而天人合一,此乃中国古代所谓天人合一之深旨。"

226.小子何莫学夫《诗》?《诗》可以兴^①,可以观^②,可以群^③,可以

怨④。迩之事父，远之事君；多识于鸟兽草木之名。（《论语·阳货》）

【注】①兴：感发，启发。②观：观察事物。③群：合群。④怨：哀怨。

【译】年轻人为什么不学习《诗经》呢？《诗经》可以启发你的思想，可以帮助你观察事物，可以让你合群，可以学习劝谏的方法。近则可以侍奉父母，远则可以效力国君；还可以认识鸟兽草木的名称。

【解】在学习过程中，孔子强调《诗经》的学习有助于"兴观群怨"四种情感样态的习得与表达。"兴、观、群、怨"是中国传统文艺批评的原则。"兴"是思想的联想与感发，"观"是对自然与社会人生的观察，"群"是个体对于群体的依附与认同，"怨"是哀伤怨恨之情的抒发。孔子在生态自然中感发、培养人的心性，强调在自然中观察万物，多识鸟兽虫鱼之名，在对自然的观感中升腾起群体的意识，并在生态自然的滋养下能够运用"温柔敦厚""哀而不怒"的哀怨情感抒发原则，让怨恨哀伤的情绪与讽刺国君的具体行为能够践行"发乎情止乎礼义"的原则。儒家主张情感的养成与抒发，既在自然中汲取类比观照的思想，又在自然中养成具有规范性的社会性原则。此外，孔子强调"多识鸟兽草木之名"，是在知识的社会化过程中对于自然本身的关注，在对自然鸟兽草木的认识中获得自然与人相互启发、相互融合的生命意义。

227.放①这身来，都在万物中一例看，大小大快活。（《二程集·河南程氏遗书》卷二）

【注】①放：安放。

【译】将个体的生命放在宇宙万物中来审视，则可以感受万物为一的快乐。

【解】《二程集·河南程氏遗书》卷二载："所以谓万物一体者，皆有此理。只为从那里来。'生生之谓易'，生则一时生，皆完此理。人则能推，物则气昏，推不得。不可道他物不与有也。人只为自私，将自家躯壳上头起意，故看得道理小了佗底。放这身来，都在万物中一例看，大小大快活。释氏以不知此，去佗身上起意思。奈何那身不得，故却厌恶。要得去尽根尘，为心源不定。故要得如枯木死灰。然没此理，要有此理，除是死也。释氏其实是爱身，放不得，故说许多。譬如负贩之虫，已载不起，犹自更取物在身。又如抱石投河，以其重愈沉，终不道放下石头，惟嫌重也。""万物一体"是程颐哲学思想的重要内容。程颐认为，万物一体的本体论根源是万物一理，人与物共同禀赋抽象的天理。人禀赋天理为人性，物禀赋天理为物性。人之可贵在于能将此仁爱善性推广开来，以达到万物一体的和谐境界。在程颐看来，所谓万物一体，不是生物学意义上的一体，生物学强调生物链，把宇宙看作是有序的存在；程颐所言之万物一体，是伦理学意义上的一体，强调的是道德主体的情感推广，所以宇宙是有情的存在。人若是单纯地以自我为中心，仁爱就无法推广。因此，要打破个人中心主义，把个人生命置于广阔的宇宙之中，才会感受到万物一体的愉快，此种境界类似于冯友兰所言之宇宙境界。

228.静后，见万物自然①皆有春意。（《二程集·河南程氏遗书》卷六）

【注】①自然：宇宙万物。

【译】平心静气地观察天地万物，大自然都有生机勃勃的春意。

【解】《二程集·河南程氏遗书》卷六载："静后，见万物自然皆有春意。"程颐说人在安静后可以感受到自然万物都蕴涵了蓬勃生意。这是强调人在去除外界杂欲纷扰之后，回归自然，以安静之心观察自然所感受到的澄净明朗的充满欣欣向荣的无限生机感。涤荡外界的纷扰，以自然之心、平和之心关照宇宙万物，心中升起的是泯灭了个体之私欲与私念的纯净意念，这样的意念可以感知万物之美与万物充满的欣欣向荣之生意。这是人心之静对于宇宙万物的美好生命力的发现。

229.万物之生意最可观①。（《二程集·河南程氏遗书》卷十一）

【注】①观：观瞻。

【译】万物生长的意态是最值得观瞻的。

【解】《二程集·河南程氏遗书》卷十一载："万物之生意最可观，此元者善之长也。斯所谓仁也。"程颐书窗前的杂草长得很茂盛，有人劝他割除杂草，他说留之以常见造物之生意。程颢说"万物之生意最可观"，周敦颐喜欢"绿满窗前草不除"，宋明理学家喜欢"万物之生意"，这体现了中国传统文化中的生态哲学和生态美学。中国古代思想家认为自然界是一个大的生命体，宇宙万物无论是宏大与细微都包蕴了活泼泼的生机和生命力。这种"生意"是人与万物所共有的，人从中体验到自身与自然的和谐，乃能感受一种内心的快乐。

230.感①吾心之戚戚②者，岂止鱼而已乎？（《二程集·河南程氏文集》卷八）

【注】①感：感发。②戚戚：悲戚之情。

【译】使我的内心受到感动的，又仅仅是鱼而已呢？

【解】《二程集·河南程氏文集》卷八载："书斋之前有石盆池。家人买鱼子食猫，见其煦沫也，不忍，因择可生者，得百余，养其中，大者如指，细者如箸。支颐而观之者竟日。始舍之，洋洋然，鱼之得其所也；终观之，戚戚焉，吾之感于中也。吾读古圣人书，观古圣人之政禁，数罟不得入洿池，鱼尾不盈尺不中杀，市不得鬻，人不得食。圣人之仁，养物而不伤也如是。物获如是，则吾人之乐其生，遂其性，宜何如哉？思是鱼之于是时，宁有是困耶？推是鱼，孰不可见耶？鱼乎！鱼乎！细钩密网，吾不得禁之于彼；炮燔咀嚼，吾得免尔于此。吾知江海之大，足使尔遂其性，思置汝于彼，而未得其路，徒能以斗斛之水，生汝之命。生汝诚吾心，汝得生已多，万类天地中，吾心将奈何？鱼乎！鱼乎！感吾心之戚戚者，岂止鱼而已乎？因作养鱼记。至和甲午季夏记。"程颐在《养鱼记》中记载了家人买小鱼喂猫，见到鱼儿用唾沫相互湿润，心里不忍，于是将那些可以活下来的鱼放入书斋前的石盆池子里。程颐不忍于鱼儿之间的相濡以沫，"择可生者"养于池中，在整日"支颐而观之"的过程中感受到鱼儿自然生命的快乐。他还在《养鱼记》中追溯古圣人之政禁，"数罟不得入洿池，鱼尾不盈尺不中杀，市不得鬻，人不得食"，从中感受圣人之仁心。程颐于《养鱼记》中呈示他爱物惜物之心，要求顺应万物之性与自然之态。面对重获生命自由、随性畅游的鱼儿，感发思想家内心悲戚之情的，不只是这些鲜活的鱼儿，而是生命对于各适其性的追求和向往。这体现了思想家对于自然生命的顺应与珍惜。

231.周茂叔胸中洒落，如光风霁月①。（《近思录·圣贤》）

【注】①光风霁月：指雨过天晴后清风明月的景象，比喻胸怀宽广，心地坦白。

【译】周敦颐胸怀洒脱，如光风霁月。

【解】《近思录·圣贤》载："周茂叔胸中洒落，如光风霁月。其为政，精密严恕，务尽道理。"朱熹赞扬北宋理学开山鼻祖周敦颐（1017年—1073年）和厚胸襟，如光风霁月，并称赞他将这种人格力量践行于政治事务中，在处理政治事务上精密严谨，在政治实践中务尽道理，将规律与法则一一地呈现出来。朱熹取法于自然，以雨过天晴后的清风明月所蕴含的清亮、美好来象征周敦颐美好的人品与修养。这是从自然生态中感受的美，上升到社会精神层面之个体胸襟品质的美，人的品质与自然界美好的风物相融合，呈现出人与自然相融合的纯粹美好的景致。可见，生态自然之美成为审美主体心中永恒的标准与审美的最高境界。

232.天地万物之理无独①，必有对②，皆自然而然，非有安排也。（《近思录·道体》）

【注】①无独：没有单独存在的事物。②必有对：一定有相对应的事物。

【译】宇宙万物都不是单独存在的，而是相互支撑的，这种支撑是自然而然的，而不是可以设计与安排的。

【解】《近思录·道体》载："天地万物之理无独，必有对，皆自然而然，非有安排也。每中夜以思，不知手之舞之足之蹈之也。"天地万物的存在是一个相互联系、相互支撑的有机体，并且这种联系是天然的，没有任何外在的安排与设计。这是认识到宇宙万物存在与运行的规律，它包含了动静屈伸、寒来暑往、昼夜更替、往来消长与四季轮回，包含了人世间美与丑、善与恶等。世间没有独立而不相对的事物存在。这是在对自然的观察与审视中认识到宇宙万物的关联性特征，在体认到宇宙万物规律之时，不由得升腾起手之舞之足之蹈之的精神快乐。

【道家】

233.同与禽兽居①，族与万物并②。（《庄子·马蹄》）

【注】①居：居住。②并：聚合并存。

【译】人与禽兽一同居住，跟各种物类相互聚合并存。

【解】《庄子·外篇·马蹄》载："马，蹄可以践霜雪，毛可以御风寒，龁草饮水，翘足而陆，此马之真性也。虽有义台、路寝，无所用之。

及至伯乐，曰：'我善治马。'烧之，剔之，刻之，雒之，连之以羁馽，编之以皁栈，马之死者十二三矣；饥之，渴之，驰之，骤之，整之，齐之，前有橛饰之患，而后有鞭筴之威，而马之死者已过半矣。陶者曰：'我善治埴，圆者中规，方者中矩。'匠人曰：'我善治木，曲者中钩，直者应绳。'夫埴木之性，岂欲中规矩钩绳哉！然且世世称之曰：'伯乐善治马，而陶匠善治埴木。'此亦治天下者之过也。吾意善治天下者不然。彼民有常性，织而衣，耕而食，是谓同德；一而不党，命曰天放。故至德之世，其行填填，其视颠颠。当是时也，山无蹊隧，泽无舟梁；万物群生，连属其乡；禽兽成群，草木遂长。是故禽兽可系羁而游，鸟鹊之巢可攀援而窥。夫至德之世，同与禽兽居，族与万物并，恶乎知君子小人哉！同乎无知，其德不离；同乎无欲，是谓素朴；素朴而民性得矣；及至圣人，蹩躠为仁，踶跂为义，而天下始疑矣；澶漫为乐，摘僻为礼，而天下始分矣。故纯朴不残，孰为牺尊？白玉不毁，孰为珪璋？道德不废，安取仁义？性情不离，安用礼乐？五色不乱，孰为文采？五声不乱，孰应六律？夫残朴以为器，工匠之罪也；毁道德以为仁义，圣人之过也。"庄子在《马蹄》里描述了一个他所认为的至德世界。庄子所谓的至德之世即是"同于禽兽居，族与万物并"的素朴之世，在那里人与禽兽相混而居，一切都处于自然的状态。庄子展现了一个人禽并存、无伤无害的世界。这个至德之世与老子所构想的理想社会相似，都是基于对自然的理解而作出的构想，是一个效法自然、返璞归真的理想社会形态。在至德之世，没有外在的社会治理，都是在自然规律的调节下运行发展，人与禽兽并居而无差异，人人素朴，民如野鹿，人们不知尚贤，亦不使能，不知义之所适，亦不知礼之所将。庄子认为人与自然万物是一体，与自然界没有任何区隔。庄子以无为的观念让人祛除外界的约束，在效法自然中回归自然，回归人的自然本性，恢复到人本真的状态，那么人类的本能和天性就不会丧失。

234.日出而作，日入而息，逍遥^①于天地之间，而心意自得。（《庄

子·让王》）

【注】①逍遥：自由自在，不受约束。

【译】太阳升起就下地干活，太阳落山就返家休息，无拘无束地生活在天地之间，而心中的快意只有我自身能够感受到。

【解】《庄子·杂篇·让王》载："舜以天下让善卷，善卷曰：'余立于宇宙之中，冬日衣皮毛，夏日衣葛𫄨；春耕种，形足以劳动；秋收敛，身足以休食；日出而作，日入而息，逍遥于天地之间，而心意自得。吾何以天下为哉！悲夫，子之不知余也！'遂不受。于是去而入深山，莫知其处。"庄子借善卷之口描述了一幅人与自然和谐共生的生活图景，在日出而劳作、日落而休息的节奏中呈现出人的劳作和休息与宇宙具有相同的节奏与韵律，人在宇宙的韵律中自然地生存、修养，感受宇宙的赐予，让身心自由地逍遥于天地之间。

【佛家】

235.青苔石上净，细草松下软。窗外鸟声闲①，阶前虎心善。（《戏赠张五弟諲三首》）

【注】①闲：指鸟鸣悠扬。

【译】石头上的青苔洁净美好，柔嫩的小草在松叶下显得格外柔软。窗外有鸟儿幽幽的鸣叫，台阶前的老虎也俯首向善。

【解】唐代诗人王维（701年—761年）有"诗佛"之称，号摩诘居士。他信奉佛教，参禅悟理，以禅趣入诗，在尘世间活出了禅意。在《戏赠张五弟諲三首》中，王维描写了好友张五弟对自然之美的感受和追求，这也是诗人向往的生活。佛教认为，得道高僧具有降龙伏虎的高明手段，他们以慈悲之心对待宇宙间的万事万物，爱生护生，平等地对待花草虫鱼、飞禽走兽，在佛教慈悲之心的朗照之下，即使是凶恶的猛禽，也会变得温顺起来，窗外的嘤嘤鸟鸣与台阶前的温顺老虎，都是佛法感化的结果。自然界的事物也有佛心，"百鸟衔花""虎啸三溪"的典故皆可以说明动物能与人感应相交。

236. 时①人若问居②何处，绿水青山是我家。（《禅门诸祖偈颂》卷一）

【注】①时：现在的，当前的。②居：居住。

【译】如果别人问我住在哪里，那纯净无染的绿水青山处便是我的家。

【解】此句是唐代龙牙禅师修行自在状态的写照。原文为："木食草衣心似月，一生无念复无涯。时人若问居何处，绿水青山是我家。"龙牙禅师以花木水果为食，以树木草皮为衣，心似当空皓月，澄澈明朗，一生自由、安闲。若有人询问他住在哪里，必定答曰：我就住在青山绿水处。在这里，"绿水青山"是一个比喻，它可以指清凉净土，可以指无恼菩提，亦可以是无念无我的境界。如《金刚经》所说"应无所住而生其心"，人应该抛弃对世俗物质的执着，才能够深入领悟自身的佛性，找到自己的真心。作为一个修道者，龙牙禅师把清静无为的大自然作为依托和追求的至高境界，但是作为世俗的人，我们也应该有符合自己的理解：人与自然应该和谐相处，人与自然的关系要达到和谐圆融的境界，在人与自然的关系中过上一种审美的生活。

237. 白云覆青嶂①，蜂鸟步庭②花。（《五灯会元》卷二）

【注】①青嶂：青山。②庭：庭院。

【译】白云在青山之上，蜜蜂和小鸟在庭院花上飞舞。

【解】《五灯会元》是佛教中国化最成功的宗派——禅宗历史上极其

重要的一部经典，由南宋淳祐十二年（1252年）杭州灵隐寺高僧释普济编集而成。有学者认为，禅宗语要，尽在《五灯》。《五灯会元》卷二载："问：'如何是大通智胜佛？'师曰：'旷大劫来，未曾拥滞，不是大通智胜佛是甚么？'曰：'为甚么佛法不现前？'师曰：'只为汝不会，所以成不现前。汝若会去，亦无佛可成。'问：'如何是道？'师曰：'白云覆青嶂，蜂鸟步庭花。'""白云覆青嶂，蜂鸟步庭花"将一幅自然和谐的场景呈现在我们面前。禅师将佛家的道安放在自然和谐的生态环境里，认为道是顺应自然、宇宙万物、自然生命大化的过程。那么，参禅悟道就是与大自然和谐统一。佛陀告诉我们："此有故彼有，此生故彼生，此无故彼无，此灭故彼灭。"人与自然都是相互影响的，一荣俱荣，一损俱损。

238.风送水声来枕畔^①，月移山影到床前。（《五灯会元》卷八）

【注】①畔：旁、边。

【译】水声随着风被吹到枕边，群山的影子被月亮缓缓地移到床前。

【解】《五灯会元》有："僧问：'如何是佛？'师曰：'即汝便是。'曰：'如何领会？'师曰：'更嫌钵盂无柄那。'问：'如何是微妙？'师曰：'风送水声来枕畔，月移山影到床前。'问：'如何是极则处？'师曰：'懊恼三春月，不及九秋光。'"僧人问禅师"如何是微妙的禅"，禅师说："风送水声来枕畔，月移山影到床前。"禅师把对禅理的体悟放在生态自然的层面，他认为修禅即是修心，修心先定心，在心定气闲、气闲神明的状态下感受自然之法则。在心静的状态下可以感受到风吹着水声到枕边的清凉，可以感受到月亮将群山的影子移动到窗前的静谧美妙，这是以对于自然的审美心境喻示禅的境界与道理。人总是以见闻知觉来看待大自然，但修行更重要的是"灵明不昧"，即能够与大自然感应，甚至包容大自然的真如自性。

239.一念^①万年，千古在目。月白风恬，山青水绿。法法现前，头头具^②足。（《五灯会元》卷十五）

【注】①念：意念。②具：都。

【译】一个意念可以思绪万年，于是千古的历史历历在目。月白风清，山青水绿，无一不是本源自性的活泼泼呈现，一一全部呈现在这自然的景致里。

【解】《五灯会元》有："僧问：'如何是函盖乾坤句？'师曰：'合。'曰：'如何是随波逐浪句？'师曰：'阔。'曰：'如何是截断众流句？'师曰：'窄。'上堂：'道本无为，法非延促。一念万年，千古在目。月白风恬，山青水绿。法法现前，头头具足。祖意教意，非直非曲。要识庐陵米价，会取山前麦熟。'以拂子击禅床，下座。"佛家说一念万年与万年一念，是在修行中泯灭时间的概念。佛家将自然作为一切法理的根源，一切的佛理皆在自然万物中得以呈现。"青青翠竹，无非妙谛；郁郁黄花，皆是般若"，一草一木之中皆有佛理，当其证悟之时，花草树木也与之一道成佛。佛家对于禅境的探索体现了人与自然浑然一体的生态审美境界。

240.我来问道无余^①说，云在青天水在瓶。（《五灯会元》卷五）

【注】①余：其他。

【译】我来请问对于道的理解，（禅师）没有其他的阐说，（对我言道）就是白云在天上，水在水瓶里。

【解】《五灯会元》有："鼎州李翱刺史，向药山玄化，屡请不赴，乃躬谒之。山执经卷不顾。侍者曰：'太守在此。'守性褊急，乃曰：'见面不如闻名。'拂袖便出。山曰：'太守何得贵耳贱目？'守回拱谢，问曰：'如何是道？'山以手指上下，曰：'会么？'守曰：'不会。'山曰:'云在青天水在瓶。'守忻惬作礼,而述偈曰:'炼得身形似鹤形,千株松下两函经。我来问道无余说,云在青天水在瓶。'"宋僧北海心有吟偈:"云在青天水在瓶,平生肝胆向人倾。黄金自有黄金价,终不和沙卖与人。"其对药山玄化禅师与李翱之问答的评点十分到位。佛家强调对自然状态的效法与向往,在于对自然的观瞻中获得内心的宁静,获得生命的本质意义。

【文学】

241.注五湖①以漫漭②,灌三江③而潈沛④。潟汗⑤六州⑥之域,经营⑦炎景⑧之外。所以作限于华裔,壮天地之嶮介⑨。(《江赋》)

【注】①五湖:太湖的别称。②漫漭:水广大无边的样子。③三江:指松江、钱塘江、浦阳江。④潈沛:波涛相激之声。⑤潟汗:水长流的样子。⑥六州:指益州、梁州、荆州、江州、扬州、徐州等六州。⑦经营:周旋往来。⑧炎景:指炎热的南方。⑨嶮介:险阻。

【译】江水倾注五湖而漫无边际,贯入三江而波涛汹涌。浩浩荡荡,泛流六州之域,曲折缭绕,流经南方大地。所以它成为华夏与野蛮的界限,气势豪壮,是天然的险阻。

【解】此句出自晋代文学家郭璞(276年—324年)的《江赋》,原文为:"咨五才之并用,实水德之灵长。惟岷山之导江,初发源乎滥觞。聿经始于洛沫,拢万川乎巴梁。冲巫峡以迅激,跻江津而起涨。极泓量而海运,状滔天以淼茫。总括汉泗,兼包淮湘。并吞沅澧,汲引沮漳。源二分于崌崃,流九派乎浔阳。鼓洪涛于赤岸,纶余波乎柴桑。纲络群流,商搉涓浍。表神委于江都,混流宗而东会。注五湖以漫漭,灌三江而潈沛。潟汗六州之域,经营炎景之外。所以作限于华裔,壮天地之嶮介。呼吸万里,吐纳灵潮。自然往复,或夕或朝。激逸势以前驱,乃鼓怒而作涛。"

此赋咏物兼抒情，字里行间都有作者的自我存在。以华美典雅的语言描绘了长江奔涌而下的气势，使读者仿佛看到长江浩浩荡荡、波涛汹涌的雄浑景象，同时也以凝练之笔墨，强调了长江在中华文明史上的重要地位，处处洋溢着作者对长江、对川渎山水的赞美。将大自然作为审美对象时，我们总能清楚地体会到大自然的神圣和力量，惊叹、赞美就会源源不断地自心底流出，不掺杂丝毫的矫情，一片真情流露。善于欣赏大自然、感受大自然的人都是充满能量的，因为大自然赋予了他无穷尽的力量。

长江是我们的母亲河，热爱她、保护她是我们义不容辞的责任。习近平总书记2018年4月25日在湖北宜昌长江岸边兴发集团新材料产业园考察时的讲话中提道："2016年1月5日，我在重庆主持召开的推动长江经济带发展座谈会上强调，长江是中华民族的母亲河，也是中华民族发展的重要支撑；推动长江经济带发展必须从中华民族长远利益考虑，把修复长江生态环境摆在压倒性位置，共抓大保护、不搞大开发，努力把长江经济带建设成为生态更优美、交通更顺畅、经济更协调、市场更统一、机制更科学的黄金经济带，探索出一条生态优先、绿色发展新路子。"这对于当前长江流域的经济社会发展有着深远的意义。

242.天朗气清，惠风和畅。仰观宇宙之大，俯察品类之盛，所以游目骋①怀，足以极②视听之娱，信③可乐也。（《兰亭集序》）

【注】①骋：使……驰骋。②极：穷尽、极尽。③信：实在。

【译】天气晴朗，空气清新，和风习习。抬头纵观广阔的天空，俯身观察大地上万物繁多，种类齐全，可以此来舒展眼力，开阔胸怀，足够来极尽视听的欢娱，实在值得快乐。

【解】晋代书法家王羲之（303年—361年）的《兰亭集序》记载："永和九年，岁在癸丑，暮春之初，会于会稽山阴之兰亭，修禊事也。群贤毕至，少长咸集。此地有崇山峻岭，茂林修竹；又有清流激湍，映带左

右，引以为流觞曲水，列坐其次。虽无丝竹管弦之盛，一觞一咏，亦足以
畅叙幽情。是日也，天朗气清，惠风和畅。仰观宇宙之大，俯察品类之
盛，所以游目骋怀，足以极视听之娱，信可乐也。夫人之相与，俯仰一
世。或取诸怀抱，悟言一室之内；或因寄所托，放浪形骸之外。虽趣舍万
殊，静躁不同，当其欣于所遇，暂得于己，快然自足，不知老之将至；及
其所之既倦，情随事迁，感慨系之矣。向之所欣，俯仰之间，已为陈迹，
犹不能不以之兴怀，况修短随化，终期于尽！古人云：'死生亦大矣。'
岂不痛哉！"王羲之在《兰亭集序》中呈现了作为主体的人对天朗气清、
惠风和畅的和谐自然的审美感受。人在美好和谐的自然中感知宇宙之大，
感受宇宙间物品之繁多，在宇宙空间与时间的仰观俯察中感受生命在自然
中得以滋润的美好。良辰美景使人完全摆脱世俗的烦恼，尽享造化之大
美。这也是在启示我们要善于发现和欣赏大自然的美，并且要自觉建构人
与自然和谐相处、人与自然平等共生的理念。

**243.云无心以出岫①，鸟倦飞而知还。景翳翳②以将入，抚孤松而盘
桓③。（《归去来兮辞》）**

【注】①岫：有洞穴的山。②翳翳：阴暗的样子。③盘桓：盘旋，徘
徊，留恋不去。

【译】白云自然而然地从山间飘浮而出，倦飞的鸟儿也知道飞回巢
中。日光暗淡，太阳即将落山，而我不忍离去，手抚着孤松徘徊不已。

【解】此句出自晋代诗人、辞赋家、散文家陶渊明（约365年—427
年）的《归去来兮辞》，原文为："乃瞻衡宇，载欣载奔。僮仆欢迎，稚
子侯门。三径就荒，松菊犹存。携幼入室，有酒盈樽。引壶觞以自酌，眄
庭柯以怡颜。倚南窗以寄傲，审容膝之易安。园日涉以成趣，门虽设而常
关。策扶老以流憩，时矫首而遐观。云无心以出岫，鸟倦飞而知还。景
翳翳以将入，抚孤松而盘桓。"所写之情景为诗人离开官场，回归田园

后的所见、所闻和所感。"云"无心而"出",鸟"倦飞""知还",呈现出诗人由出仕而归隐的心路历程。"云"与"鸟"被诗人赋予了象征意义,以飘然尘外之蓝天白云象征着无所拘无所束的自由。以白云之"无心"象征了人随意漂浮、了无心机之自由自在。山林飞鸟,朝出暮归,行于当行,止于所止。倦鸟可以在日暮之时,归林还巢穴,安于静谧,自得其乐。在陶渊明诗中,无论是鸟还是白云,都是自由的、无所忧虑的、逍遥闲适与生意盎然的,代表着陶渊明向往的理想的人生境界。而诗人的理想境界其实就是清净的大自然,在感受大自然的神圣之美的同时,体会生命的本真,因为最真实的东西总是出自造化的。在《论语》之《子路、曾皙、冉有、公西华侍坐》中,孔子以"吾与点也"表达了自己赞成曾皙徜徉于大自然、体味人生与生活的观点。对于现代人,我们可大胆向古人学习,于大自然中寻找理想的生活,发现全新的自己。

244.种豆南山下,草盛豆苗稀。晨兴理荒秽①,带月荷②锄归。(《归园田居》)

【注】①荒秽:杂草 。②荷:扛着。

【译】在南山之下种豆,杂草丛生豆苗长得很稀疏。早晨我下地锄草松土,晚上我扛起锄头回家休息。

【解】陶渊明的《归园田居》曰:"种豆南山下,草盛豆苗稀。晨兴理荒秽,带月荷锄归。道狭草木长,夕露沾我衣。衣沾不足惜,但使愿无违。"陶渊明描述隐居生活劳作的片段,在种豆南山中感受在自然间劳作的快乐,表达了诗人返璞归真、归隐田园的愿望与乐趣。陶渊明在"晨兴理荒秽"与"带月荷锄归"中感受到劳作生活的丰富,并于此感受到人生的乐趣。诗人在自然中感受到种植与收获的乐趣,在对自然的审美中忘情世外,感受到不为五斗米折腰的自由无拘的人生快乐。古人云:"日出而作,日入而息",人类的生产生活、发展创造无一不和自然环境相关联。

陶渊明从躬耕生活中体验到了人类原初生活方式的意义和美感，这是一种身体力行的美学，达到了"物为我长""我为物存"的和谐共生的状态。习近平总书记于2013年5月29日在同全国各族少年儿童代表共庆"六一"国际儿童节时的讲话中提道："大自然充满乐趣、无比美丽，热爱自然是一种好习惯，保护环境是每个人的责任，少年儿童要在这方面发挥小主人作用。"在经济社会高速发展的今天，提高生态环境保护意识无疑是重中之重，人类须要自觉接受自然规律的支配，认识自然、改造自然，推动自然，促进社会协调发展。

245.石影横临水，山云半绕峰。（《山斋》）

【译】石头的影子倒映在水中，山上的云彩环绕着山峰。

【解】庾信（513年—581年）是南北朝文学家，其诗作《山斋》曰："石影横临水，山云半绕峰。遥想山中店，悬知春酒浓。"诗人在山斋中感受自然之纯粹与美好。他俯视石头的影子倒映在水中亦幻亦真之态，仰观山上的云彩环绕着山峰亦虚亦实之姿，在自然的宁静中生发出对山店中经冬而春成的美酒的向往，表达了人在自然中无限的审美体验与审美感受。美的事物总是让人赏心悦目，无论是视觉、嗅觉、听觉、触觉，美总能使接受者产生愉悦的感受。自然界并非一个孤立的存在，它无时无刻不在和人类的物质世界、精神世界发生关系，反作用于人类，人类也在以自身独特的体验方式去感悟、去交涉自然。

246.况阳春召^①我以烟景^②，大块^③假^④我以文章^⑤。会桃李之芳园，序^⑥天伦之乐事。（《春夜宴从弟桃花园序》）

【注】①召：吸引。②烟景：春天气候温润，景色似含烟雾。③大块：大地，大自然。④假：提供，赐予。⑤文章：绚丽的文采。⑥序：通

"叙"，叙说。

【译】况且温和的春天以秀美的景色来招引我们，大自然给我们展现了锦绣的风光。相聚在桃花飘香的花园中，畅叙着兄弟间快乐的往事。

【解】此句出自唐代诗人李白的《春夜宴从弟桃花园序》，原文为："夫天地者万物之逆旅也；光阴者百代之过客也。而浮生若梦，为欢几何？古人秉烛夜游，良有以也。况阳春召我以烟景，大块假我以文章。会桃李之芳园，序天伦之乐事。群季俊秀，皆为惠连；吾人咏歌，独惭康乐。幽赏未已，高谈转清。开琼筵以坐花，飞羽觞而醉月。不有佳咏，何伸雅怀？如诗不成，罚依金谷酒数。"

李白感叹天地之广大，光阴之易逝，人生苦短，欢乐甚少，并以古人"秉烛夜游"加以佐证，抒发了对生活与自然的热爱之情，并显示了其俯仰古今的广阔胸襟。在美妙的春景中，在大自然锦绣的风光中感受到与朋友兄弟畅叙往事的快乐，这是将对生命的快乐感受寄托于自然景物的叙写与感受中，呈现了中国古人于生态自然与生态审美中感受生命意义的非凡智慧。李白以自己对自然、生命的感悟，激发读者对于自然与生命的认同，并规劝大家享受自然、享受生命。造化无言，自有大美、大爱，唯有在大自然的怀抱里我们才可以完整地被接纳，所以，我们应该拥有感受自然、享受自然、热爱自然的能力，从而才能与自然亲密相拥。

247.荷风送香气，竹露滴清响①。欲取鸣琴②弹，恨③无知音赏。（《夏日南亭怀辛大》）

【注】①清响：极微细的声响。②鸣琴：琴。③恨：遗憾。

【译】风从池塘吹过，带来荷花的香气；露珠从竹子上滑落荷池，发出清脆的响声。想把瑶琴取出，轻抚一曲；只是四周寂寥，好友不在身边，无人欣赏这首曲子。

【解】唐代诗人孟浩然（689年—740年）在《夏日南亭怀辛大》中

写道："山光忽西落，池月渐东上。散发乘夕凉，开轩卧闲敞。荷风送香气，竹露滴清响。欲取鸣琴弹，恨无知音赏。感此怀故人，中宵劳梦想。"诗中从嗅觉、听觉两方面描写了诗人夏夜水亭纳凉的清爽闲适："荷风送香气，竹露滴清响。"荷花的香气清淡细微，所以"风送"时闻；竹露滴在池面其声清脆，所以是"清响"。滴水可闻，细香可嗅，使人感到此外更无声息。诗句表达的境界宜乎"一时叹为清绝"（沈德潜《唐诗别裁》）。写荷以"气"，写竹以"响"，而不及视觉形象，恰是夏夜给人的真切感受。荷花与竹子是君子高洁品格的象征，诗人能够听到竹子上的露珠滴落荷池，周围的环境是多么的寂静，寂静中的诗人是多么的孤单！露水结成，一般都是在夜深乃至黎明之际，这说明诗人辗转难眠，无法排遣心中的寂寥。诗人拟抚琴抒怀，环顾四周，知音不在，唯有清风冷露而已。该诗抒写的是寂寞之情、孤独之感，难能可贵的是，诗人写孤独寂寞而不意绪低沉，反而是有一种高自标置的孤高情怀，琴对知音而弹，若非知音，终不拨弦，宁愿孤寂，也不苟随流俗。诗人由景生情，人类生活在大自然之中，最容易"触景生情"，而"情景交融"的审美境界表征的是人与自然之间的和谐共生的关系。

248.空山①新②雨后，天气晚来秋。明月松间照，清泉石上流。（《山居秋暝》）

【注】①空山：空旷，空寂的山野。②新：刚刚。

【译】空旷的群山沐浴了一场新雨，夜晚降临使人感到已是初秋。皎皎明月从松隙间洒下清光，清清泉水在山石上淙淙淌流。

【解】王维《山居秋暝》云："空山新雨后，天气晚来秋。明月松间照，清泉石上流。竹喧归浣女，莲动下渔舟。随意春芳歇，王孙自可留。"诗中明确写有浣女渔舟，诗人却下笔说是"空山"。这是因为山中树木繁茂，掩盖了人们活动的痕迹，正所谓"空山不见人，但闻人语响"

（《鹿柴》）。由于这里人迹罕至，自然不知山中有人来了。"空山"两字点出此处有如世外桃源，山雨初霁，万物为之一新，又是初秋的傍晚，空气之清新，景色之美妙，可以想见。"明月松间照，清泉石上流。"天色已暝，却有皓月当空；群芳已谢，却有青松如盖。山泉清冽，淙淙流泻于山石之上，有如一条洁白无瑕的素练，在月光下闪闪发光，生动表现了幽清明净的自然美。苏轼评价王维"诗中有画，画中有诗"，这个观点可以在此诗中得到印证。读者瞑目而思，眼前就呈现出一幅初秋山水图。构图的方式是自上而下的垂直，然后是自右而左的平铺。明月当空，下面是松林，松林下面是穿越山石的溪水，这是垂直的景物。然后是平铺的景物，松林左边是一片竹林，竹林左边是一片湖泊，靠岸的湖边种满了荷花，荷花丛中隐隐约约停泊着一叶兰舟，舟上是面容姣好的采莲少女。整首诗有风有雨，有光有影，有声有色，有景有情，是中国山水诗史上的名篇佳作。王维在美丽的山水之间倍感愉悦，可见人类与生态环境休戚相关，因此我们应积极响应习近平总书记的倡导："我们应该坚持人与自然共生共存的理念，像对待生命一样对待生态环境。"

249.行到水穷处，坐看云起时。偶然值①林叟②，谈笑无还期。（《终南别业》）

【注】①值：遇到。②叟：老翁。

【译】沿着溪水信步而行，一直走到溪水的源头；席地而坐，仰视天上白云飞卷。偶然邂逅了一位不知名的老者，与他攀谈起来，竟然忘记了时光的流逝。

【解】王维《终南别业》云："中岁颇好道，晚家南山陲。兴来每独往，胜事空自知。行到水穷处，坐看云起时。偶然值林叟，谈笑无还期。""行到水穷处"，是说随意而行，走到哪里算哪里，然而不知不觉，竟来到流水的尽头，看来是无路可走了，于是索性就地坐了下来。"坐看云起时"，是心情悠闲到极点的表示。云本来就给人以悠闲的感觉，也给人以无心的印象，因此陶渊明才有"云无心以出岫"的话（见《归去来兮辞》）。通过这一行、一到、一坐、一看的描写，诗人此时心境的闲适也就明白揭出了。《宣和画谱》指出："'行到水穷处，坐看云起时'及'白云回望合，青霭入看无'之类，以其句法，皆所画也。"只有非功利主义的眼光才能真正欣赏大自然的美，缘溪而行，直到水源尽头，利心扰攘的人不可能有这份闲适；席地而坐，仰视白云变换飞卷，蝇营狗苟的人不可能有这份悠然。只有非功利主义的心灵才能碰撞出真正的友谊，林间邂逅不知名的老者，竟然能够坦诚畅谈，以至于忘记时间的流逝，虚伪造作的心态不可能有这份真诚。我们欣赏大自然的景色会有美的享受，因此我们要响应习近平总书记时的讲话："环境就是民生，青山就是美丽，蓝天也是幸福。"

250.好雨知时节，当①春乃发生。随风潜入夜，润②物细无声。（《春夜喜雨》）

【注】①当：正值。②润：滋润。

【译】好雨知道下雨的时节，正当植物萌发生长之际，它伴随着春风在夜里悄悄降落，无声地滋润着大地万物。

【解】唐代诗人杜甫（712年—770年）在《春夜喜雨》中写道："好雨知时节，当春乃发生。随风潜入夜，润物细无声。野径云俱黑，江船火独明。晓看红湿处，花重锦官城。"诗人在好雨知时节中感受到自然万物和谐相生的生命的力量。好雨知时节，当春乃发生，是雨与时节的契合。好雨在春天的夜晚伴随着春风滋润万物，悄无声息，是大自然滋养万物的具体呈现。诗人在春雨无声滋养万物的叙写中呈现了诗人对于自然的审美，并在这种审美中感受到自然孕育万物、滋养万物的神奇力量。《论语》曰："浴乎沂，风乎舞雩，咏而归。"沐浴着沂水，迎着和煦微风，心中一切的愁思与不快都随风散尽。这也是自然给予的由外而内的天然净化力量，这种力量需要长期的持续不断的维护。

251.荡胸生曾①云，决眦②入归鸟。会当③凌绝顶，一览众山小。（《望岳》）

【注】①曾：同"层"，重叠。②眦：眼角。③会当：终要。

【译】山中升起的云霞荡涤着我的心灵，暮归的鸟儿隐入山林消失在远处。登上泰山的顶峰，俯瞰其他众山，众山都显得极为渺小。

【解】杜甫在《望岳》曰："岱宗夫如何？齐鲁青未了。造化钟神秀，阴阳割昏晓。荡胸生曾云，决眦入归鸟。会当凌绝顶，一览众山小。"叙写了诗人登临泰山之巅的感受，他看到山中升起的层云在荡涤着他的胸怀，看着飞鸟飞入山林，在这泰山之顶感受到众山之小。诗人在自然中感受自然给予人的多重审美感受与身心的愉悦。习近平总书记于2020年4月20日在陕西考察时说过："人不负青山，青山定不负人。"在物欲横流的现代社会，人们致力于从青山绿水重拾一块净土，涤荡浑浊的心灵，寻找诗意的栖息地。这便是人与自然的相互作用力。除了物质财富方面，自然给予人类的回馈还有极大的精神层面的支撑。优美的生态环境具有重要的审美功能，能够使人愉悦心情、陶冶情操和提升境界。

252.无边落木①萧萧②下，不尽长江滚滚来。（《登高》）

【注】①落木：指秋天飘落的树叶。②萧萧：风吹落叶的声音。

【译】无边无际的落叶飘飘荡荡，萧萧落下；奔流不尽的长江水波涛汹涌，翻滚而来。

【解】这两句诗出自杜甫的《登高》，原文是："风急天高猿啸哀，渚清沙白鸟飞回。无边落木萧萧下，不尽长江滚滚来。万里悲秋常作客，百年多病独登台。艰难苦恨繁霜鬓，潦倒新停浊酒杯。"这两句诗是描写秋天景象的大手笔之作，描述了落叶纷纷、长江滚滚的景象，诉说着时间与生命就像凋零的落叶、奔流的江水，一去不返。诗人看到落叶纷纷、草木凋零的秋景，顿感生命短暂、韶光易逝、壮志难酬，所以是因"秋"景而觉"悲"。落叶无边，江水不尽，相对于宇宙的永恒与辽阔，人生实在是短暂而渺小的。诗人仰观落叶，俯瞰江水，孤身独处于天地之间，一种深沉的寂寥之感跃然纸上。这两句诗虽然是悲秋之作，但是格局、境界甚是开阔，是大丈夫伟岸之语，不是小儿女的低吟之态。

习近平总书记2019年4月28日在北京世界园艺博览会开幕式上的讲话指出："我们应该追求人与自然和谐。山峦层林尽染，平原蓝绿交融，城乡鸟语花香。这样的自然美景，既带给人们美的享受，也是人类走向未来的依托。……我们要维持地球生态整体平衡，让子孙后代既能享有丰富的物质财富，又能遥望星空、看见青山、闻到花香。"人类与自然息息相关，我们生活在大自然当中，自然是我们重要的审美对象，在我们的审美生活中不可或缺。

253.迟日^①江山丽，春风花草香。（《绝句二首》）

【注】①迟日：春天日渐长，故说为"迟日"。

【译】春日白昼变长，江山沐浴春光，变得更加美丽；花草在春风的爱抚之下，散发出迷人的香气。

【解】这两句诗出自杜甫《绝句二首》其一："迟日江山丽，春风花草香。泥融飞燕子，沙暖睡鸳鸯。"杜甫此诗是写春天的名篇佳作，春日暖阳，春风和煦，燕子衔泥，鸳鸯交颈，景物和谐而温馨，洋溢着一派无限的生机气息。"迟日"即春日，语出《诗经·豳风·七月》"春日迟迟"。这里用以突出初春的阳光，以统摄全篇。同时用一"丽"字点染"江山"，表现了春日阳光普照、四野青绿、溪水映日的秀丽景色。这虽是粗笔勾画，笔底却是春光骀荡。第二句诗人进一步以和煦的春风、初放的百花、如茵的芳草、浓郁的芳香来展现明媚的大好春光。因为诗人把春风、花草及其散发的馨香有机地组织在一起,所以读者通过联想,可以有惠风和畅、百花竞放、风送花香的感受,收到如临其境的艺术效果。此诗写景手法是经由宏大而进入细微,前两句是宏观描写,江山、花草都是粗线条的泛写,飞燕子、睡鸳鸯则类似于工笔画,是景物的特写,四句诗就像是一个逐渐拉近的镜头,呈现出一幅春意盎然的花鸟画,表达了诗人热爱大自然的愉悦心情。

习近平总书记2019年4月28日在北京世界园艺博览会开幕式上指出:"我们应该追求热爱自然情怀。……要倡导环保意识、生态意识,构建全社会共同参与的环境治理体系,让生态环保思想成为社会生活中的主流文化。要倡导尊重自然、爱护自然的绿色价值观念,让天蓝地绿水清深入人心,形成深刻的人文情怀。"美好的自然景象使我们感到身心愉悦,因此,保护好大自然刻不容缓。

254.去年今日此门中,人面桃花相①映红。人面不知何处去,桃花依旧笑春风。(《题都城南庄》)

【注】①相:互相。

【译】去年今天,就在这扇门里,姑娘脸庞相映着鲜艳桃花。今日再来此地,姑娘不知去向何处,只有桃花依旧,含笑怒放于春风之中。

【解】唐代诗人崔护(772年—846年)留下的诗作并不多,但其诗《题都城南庄》却流传甚广,直到今天还为人们耳熟能详。《太平广记》卷二百七十四中有《崔护》一文:博陵崔护,姿质甚美,而孤洁寡合。举进士第。清明日,独游都城南,得居人庄,一亩之宫,花木丛萃,寂若无人。扣门久之,有女子自门隙窥之,问曰:"谁耶?"护以姓字对,曰:"寻春独行,酒渴求饮。"女入,以杯水至。开门,设床命坐,独倚小桃斜柯,伫立而意属殊厚,妖姿媚态,绰有余妍。崔以言挑之,不对,彼此目注者久之。崔辞去，送至门，如不胜情而入。崔亦睠盼而归，尔后绝不复至。及来岁清明日，忽思之，情不可抑，径往寻之，门院如故，而已扃锁。崔因题诗于左扉曰："去年今日此门中，人面桃花相映红。人面不知何处去，桃花依旧笑春风。"后数日，偶至都城南，复往寻之。闻其中有哭声，扣门问之，有老父出曰："君非崔护耶？"曰："是也。"又哭曰："君杀吾女。"崔惊怛，莫知所答。父曰："吾女笄年，知书，未适人。自去年已来，常恍惚若有所失。比日与之出，及归，见在左扉有字，读之，入门而病，遂绝食数日而死。吾老矣，惟此一女，所以不嫁者，将求君子以托吾身。今不幸而殒，得非君杀之耶？"又持崔大哭，崔亦感恸，请入哭之，尚俨然在床。崔举其首，枕其股，哭而祝曰："某在斯！"须臾开目，半日复活。老父大喜，遂以女归之。

从中国第一部诗歌总集《诗经》开始，以桃花作为比兴，形容婚恋生活的美好，就已经形成了源远流长的文学传统。在《人面桃花》的故事中，桃花依然是重要的审美对象，桃花不仅为崔护邂逅的爱情铺垫了美好的场景，而且桃花的美丽也象征着故事中少女的美丽，正所谓"人面桃花相映红"。少女因爱成疾，以至于溘然长逝，引发崔护题诗慨叹，"人面不知何处去，桃花依旧笑春风"，"依旧"二字以自然之恒常而衬托生命之短促，"笑"字是以乐写幽，桃花笑春风，才子哭佳人，两相对照，更显悲情之重。少女因情而逝，又因崔护之痴情而复活，作者写出神话般的故事，无非是强调爱情的可贵，爱情似乎可以超越生死的界限，有情人虽历经艰难险阻，也终成眷属。这种叙事模式，被后来诸多戏剧小说借鉴，比如脍炙人口的《牡丹亭》等。

255.野芳发①而幽香，佳木秀②而繁阴，风霜高洁，水落而石出者，山间之四时③也。（《醉翁亭记》）

【注】①发：开放。②秀：茂盛。③四时：四季。

【译】春天的时候，野花的幽香扑鼻而来；夏天的时候，树木风姿优美，树荫浓密；秋天的时候，风霜高洁；冬天的时候，水位下降，露出岩石。这就是山间一年四季的景致。

【解】北宋政治家、文学家欧阳修（1007年—1072年）所著《醉翁亭记》曰："若夫日出而林霏开，云归而岩穴暝，晦明变化者，山间之朝暮也。野芳发而幽香，佳木秀而繁阴，风霜高洁，水落而石出者，山间之四时也。朝而往，暮而归，四时之景不同，而乐亦无穷也。"在"日出而林霏开，云归而岩穴暝"之晦明变化中，感受山间的朝暮之时节，感受春夏秋冬四季轮回的日子里自然景物的变化万千的美：春天万物生发、百花盛开的生意；夏天佳木繁盛之生意；秋天风霜高洁之美；冬天万物沉寂、水落而石出之美。作者在朝而往、暮而归之中观察一年四季不同的景致，在变化无穷的自然中感受自然之美。这是山水启发下的审美情思的呈现。

在尊重自然规律变化的前提下，实现人与自然的和谐相处，协调社会、经济、生态三者利益。习近平总书记在《畲族经济要更开放些》中提道："资源开发，有一个重要的条件，就是市场需要。我们讲的资源开发，是符合社会主义商品市场需要的开发，因而是经济的综合开发，这种开发不是单一的，而是综合的；不是单纯讲经济效益的，而是要达到社会、经济、生态三者的效益的协调。"现代意义上的社会进步、经济发展、科技强国，不是以牺牲环境作为代价的，而是社会、经济、生态三者协同发力，共同创建文明、美丽、和谐、富强的中国。

256.竹外桃花三两枝，春江水暖鸭先知。（《惠崇春江晚景二首》其一）

【译】竹林外两三枝桃花初放，水中嬉戏的鸭子最先察觉到初春江水的回暖。

【解】这句诗出自北宋苏轼（1037年—1101年）的《惠崇春江晚景二

首》："竹外桃花三两枝，春江水暖鸭先知。蒌蒿满地芦芽短，正是河豚欲上时。"这句诗蕴含了诗人对自然的细微观察。诗人化用了唐人诗句："何物最先知，虚庭草争出"（孟郊《春雨后》），"蒲根水暖雁初浴，梅径香寒蜂未知"（杜牧《初春雨中舟次和州横江裴使君见迎李赵二秀才同来因书四韵兼寄江南许浑先辈》），用前人诗句的造意，加上自己观察的积累，熔炼成这一佳句。诗人通过细腻的观察，描述出一幅自然万物相互感应、相互依存、焕发生机的美好画面。

257.问①渠那②得清如许？为③有源头活水来。（《观书有感二首》其一）

【注】①问：试问。②那：通"哪"。③为：因为。

【译】这半亩方塘为何如此清澈呢？乃是因为有源源不断的活水注入。

【解】这两句诗出自朱熹《观书有感二首》其一，原文为："半亩方塘一鉴开，天光云影共徘徊。问渠那得清如许？为有源头活水来。"从字面意思来看，池塘何以会如此清澈，究其原因，乃是因为有源头活水注入，为池塘提供了源源不断的生机与活力。朱熹此诗题为《观书有感二首》，讲读书时的具体感悟，即文化知识的提升、人生境界的飞跃，都离不开新知识的摄取，故步自封的结果只能是死水一潭。

中国古代诗歌大致可以分为叙事诗、抒情诗、说理诗三类，朱熹的《观书有感二首》是典型的说理诗。诗人创作说理诗，往往会采用形象思维的方法，而不仅是枯燥的说理。与西方诗歌不同，中国诗歌中的理不是来源于上帝的启示，而是来源于自然的启示，这种思维模式可以追溯到《论语》，比如"子在川上曰：'逝者如斯夫，不舍昼夜。'"人与自然本为一体，人类在与自然的和谐相处中获得许多启示与乐趣。

水是生命之源、生产之要、生态之基。党的十八大以来，习近平总书记把治水兴水作为生态文明建设的重要内容来抓。2020年3月以来，习近平先后在浙江、陕西、山西、宁夏、安徽、西藏、湖南、广东、江苏考察，每一次都对生态环境保护、生态文明建设提出新要求，"水"一直是其中的重要方面。2020年11月14日，习近平在全面推动长江经济带发展座谈会上的讲话中强调："要加强生态环境系统保护修复。要从生态系统整体性和流域系统性出发，追根溯源、系统治疗，防止头痛医头、脚痛医脚。要找出问题根源，从源头上系统开展生态环境修复和保护。……构建综合治理新体系，统筹考虑水环境、水生态、水资源、水安全、水文化和岸线等多方面的有机联系，推进长江上中下游、江河湖库、左右岸、干支流协同治理，改善长江生态环境和水域生态功能，提升生态系统质量和稳定性。"

【故事】

258.惠子曰："我非子，固①不知子矣。子固②非鱼也，子之不知鱼之乐全③矣。"庄子曰："请循④其本。子曰，'汝安⑤知鱼乐'云者，既已知吾知之而问我，我知之濠上也。"（《庄子·秋水》）

【注】①固：固然，当然。②固：本来。③全：完全，完备。④循：追溯。⑤安：哪里，怎么。

【译】惠子说："我不是你，当然不知道你；你也不是鱼，所以你也不知道鱼的快乐，这是很明显的问题。"庄子说："请把我们的辩论从头捋一捋吧。当你说'你怎么知道鱼是快乐的'这句话时，就是你已经知道了我晓得鱼的快乐才来问我，我是在濠水的桥上知道的呀！"

【解】此故事选自《庄子·秋水》，原文为：庄子与惠子游于濠梁之上，庄子曰："鲦鱼出游从容，是鱼乐也。"惠子曰："子非鱼，安知鱼之乐？"庄子曰："子非我，安知我不知鱼之乐？"惠子曰："我非子，固不知子矣。子固非鱼也，子之不知鱼之乐全矣。"庄子曰："请循其本。子曰，'汝安知鱼乐'云者，既已知吾知之而问我，我知之濠上也。"这一则典故是庄子"齐物论"思想的重要代表。在庄子看来，人与宇宙万物之间的关系是感通的，而不是隔绝的。庄子行走于濠水桥上，心情愉悦，以此心情观照水里游鱼，则游鱼亦在我愉悦心情的笼罩之下，主体之愉悦心情主动投射到游鱼身上，游鱼之攸哉游哉的游动姿态与庄子在濠水桥上的闲适漫步，处于同样的情感律动之中。与庄子不同，惠子认为人物各自具备不同形质、不同情感，无法互相了解。如此看问题，不单人与物难以沟通，即使是同为人类，也会因个体种种具体差异，导致情感阻绝，无法沟通。庄子反驳惠子"子非我，安知我不知鱼之乐"，即是着眼于此。人类不是万物的中心，而是自然的一员。庄子"齐物论"的观点，已经具备后世"天人合一""万物一体"的思想雏形，对于构建珍爱万物的生态伦理和人与自然平等共生的生态审美具有重要的借鉴意义。

259.见[①]山是山，见水是水。（《五灯会元》卷十七）

【注】①见：看见。

【译】（参禅前）见山是山，见水是水。

【解】青原行思禅师（671年—740年）是唐代佛教禅宗高僧，为禅宗六祖惠能大师门下弘传最盛的两大法嗣之一。他说："老僧三十年前未参禅时，见山是山，见水是水。及至后来，亲见知识，有个入处。见山不是山，见水不是水。而今得个休歇处，依前见山只是山，见水只是水。大众，这三般见解，是同是别？有人缁素得出，许汝亲见老僧。"这段话出自《五灯会元》卷十七。参禅之前是未曾觉悟的境界，是以世俗之眼观照山水景物，看到的是纯粹客观存在的山水，这时候的山水只具有自然意义，而不具有人文意义；参禅时是觉悟与迷惑共存的境界，是愚痴与智慧交织的状态，此时既能看到山水的自然意义，也能朦朦胧胧地感知到山水的人文意义；参禅悟道以后是觉悟的境界，以智慧之眼来观照山水，此时的山水就具备了人文意义，当然这种人文化了的山水，是符合自然而不是排斥自然，是源于自然而又高于自然的。禅宗以三种不同的山水观，来检验参禅者的觉悟层次，具有独特的宗教意义，这对于当前生态文明建设也有启发意义。

我们要发展经济，不可能不对自然进行加工，也需要从自然界获得发展生产力的各种资源。否定发展的必要性，乃至于不发展，无论如何都是不可能的。人类生存于宇宙中间，不对自然做任何改变，绝对自然化的山水在人世间是很难找到的。要发展就要利用自然，但是发展也有层次的高低。低层次的发展就是单一地向自然索取，以牺牲自然换取发展的成就，这就势必导致自然被破坏，生态危机加重，从而导致山不是山、水不是水。高层次的发展对于自然的态度是尊重的，顺应自然发展的规律性，有节制地、合理地利用与改造自然，正如习近平总书记指出既要绿水青山，又要金山银山，宁要绿水青山，不要金山银山，因为绿水青山，才是真山真水。

260.周茂叔窗前草不除①去。问之，云："与自家意思一般。"（《近思录·圣贤》）

【注】①除：剪除。

【译】周敦颐不剪除窗前的杂草，有人询问原因，周敦颐说："与自家生意一般。"

【解】这个故事的原文为："明道先生曰：周茂叔窗前草不除去，问之，云：'与自家意思一般。'"出自《近思录·圣贤》第十四卷，这是程颢转述的周敦颐之言。转述本身就是一种认同，程颢是认同周敦颐观点的。不除窗前草，倒不是单纯地出于爱物之心，尽管我们也不排除周敦颐的爱草之情。更为深层的意涵是，周敦颐从窗前草上体悟到了与自家生意一般无二的内容。若是从气化宇宙论的角度来看，人与草都禀赋着宇宙真气，草长得生机盎然，其实是真气盈满、生命蓬勃的表征。通过观察窗前草，周敦颐可以感受到宇宙真气的生命力。此外，窗前草的茂盛是宇宙创造力的表现，自家生意是道德创造力的表现，周敦颐从草身上蕴含的宇宙创造力，体会到人的道德的创造力，并以此道德的创造力指导实践，进行道德的创造活动。不管是从气化宇宙论的角度，还是从道德创生的角度，人与物共同构成的宇宙都是生生不息的有机整体，而不是彼此阻隔的机械存在。从生态审美的角度而言，这也代表了儒家观照审美对象的独特视角。相对于花而言，草本身的审美价值是较低的，可是中国古代文学作品中吟咏草的作品是很多的，如"离离原上草，一岁一枯荣"，"春草明年绿，王孙归不归"，作者是从草上体悟到时序的更迭与人事的变迁的。周敦颐不除庭前之草，也是洞察到宇宙的生命力流行于草与个人自身。这是典型的儒家审美观，不是为审美而审美，而是美学鉴赏与哲学思考并存。

制度篇

【共四十条】

　　生态环境保护必须依靠制度建设来加以保障，制度的制定和实施决定着生态环境保护的成效。古代中国是一个以农业为主、以放牧渔猎采捕业为辅的国家，中国古人很早就认识到生态环境是人们生产资料、生活资料和社会财富的根本来源，认识到生态环境保护与建设具有重大的经济、政治、社会和文化价值。因此，历代王朝都十分重视以制度推进生态环境保护，生态环境保护制度是中国古代国家制度的重要组成部分。

　　从文献资料来看，历朝历代生态环境保护和建设制度主要以皇帝谕旨、大臣奏折、地方法令乃至司法判例等形式体现，也以乡规民约、组织章程和条规体现于地方政府与基层社会的自治制度之中。政府制度与民间公约两者共同构成了中国古代生态环境保护和建设的制度之网。事实上，古代生态环境保护和建设制度涉及内容非常广泛。在生态要素方面，涉及土地资源、森林资源、矿产资源、水资源以及野生动物资源等的保护，几乎囊括了现代环境与自然资源保护法的主要保护范围；在生态建设方面，则包括植树造林，官道、城市、军事要地和乡村的绿化等；在保护和建设手段方面，既有直接的保护政策，如禁止砍树、屠钓、采捕、破坏水源等政府禁令，又有鼓励植树造林、减免生态资源税收等制度性政策以及劝谕农桑、相约放生等民间会规章程与规约。

　　尽管中国古代王朝更迭变换，甚至有长达数百年的动乱分裂时期，但在生态环境保护和建设制度上，不同朝代之间和同一朝代内部还是体现出了总体上的连贯性、一致性。当然，在具体内容与细节上，也因人而异、因时而变。例如，"时禁"即在野生动物生育哺乳期禁止渔猎采捕、在春夏草木生长期禁止砍伐烧荒，历朝历代都予以遵循。此外，在名山大川和重要宗教、文化圣地、皇家园陵的生态环境保护上，各朝各代也都有制度性的安排。如杭州西湖，北宋真宗时作为政府放生池，永禁采捕鱼虾龟鳖之后，直到民国时期都基本尊为定制。再如，植树造林作为君王的职责之一，历朝历代也非常重视。但各朝各代有自身的特点，如佛教进入中国后，政府和民间结合儒家"仁民爱物"和佛教"慈悲"的思想，都开展放生野生动物的保护活动，并在相应的区域加以制度性的安排。少数民族入主中原后，在禁止猎杀野生动物物种方面也做出了各自的安排，如元成宗禁止民间捕鸎鹰鹘等。历代政府还因时、因地在需要加以保护的自然资源种类上不断更新具体的安排，如清政府限制在苗疆开采矿石等。

当然，由于知识、技术和制度等历史条件的限制，中国古代生态环境保护和建设制度在科学性、系统性、法治性和公平性等方面存在严重不足，在执法的严密性上也与今天不可同日而语。但是，中国古代野生动植物保护的"时禁"制度、植物资源保护的禁止砍伐区制度、水生态保护的禁渔期与放生官河保护制度、田间昆虫保护等制度及其制度背后的理念，凝聚着古人的生态智慧，是我们的宝贵的历史财富，对于今天的生态文明建设仍有重要的借鉴意义。

【儒家】

261.山虞①掌山林之政令，物为之厉，而为之守禁。仲冬斩阳木②，仲夏斩阴木。凡服耜，斩季③材，以时入之。令万民时斩材，有期日。凡邦工入山林而抡④材，不禁。春秋之斩木，不入禁。凡窃木者，有刑罚。（《周礼·地官司徒·山虞》）

【注】①山虞：古代掌管国家山林的官名，又称山人。②阳木：山南之木。③季：幼稚，季材指幼小容易弯曲的树木。④抡：选择。

【译】以山虞掌管山林，执行相关政令，为山林中的物产树立界碑，针对守护山林的属众制定禁令。冬季的第二个月（农历十一月）砍伐山南向阳的树木，夏季的第二个月（农历五月）砍伐山北朝阴的树木。用来制造车厢和耒的木材，只能砍伐处于生长期的木材，并在规定的时间内送交。砍伐季节，（山虞）发布命令，民众在规定的时间内进山砍伐木材，并设定起止期限。至于国家工匠需要到山林中挑选、砍伐木材，则不在（山虞的）禁令之列。春秋两季砍伐树木，不准在国家禁林中砍伐。凡是盗窃树木的，要处以肉刑和罚金。

【解】《周礼》，又名《周官》，是儒家十三经之一。该书成书于两汉之间，保存有大量西周史料，记载了我国先秦时期社会政治、经济、文化、风俗、礼法诸制，尤其对先秦礼法、礼义作了最权威的记载和解释，对后世礼制的影响极为深远。本条内容记载的是先秦时期设立的掌管山地森林的官员及其职责，表明先秦时期对于山地森林的管理十分规范，设立了系统的职官及其职责，制定了相应的法令。原文是："山虞掌山林之政令，物为之厉，而为之守禁。仲冬斩阳木，仲夏斩阴木。凡服耜，斩季材，以时入之。令万民时斩材，有期日。凡邦工入山林而抡材，不禁。春秋之斩木，不入禁。凡窃木者，有刑罚。若祭山林，则为主，而修除，且跸。若大田猎，则莱山田之野。及弊田，植虞旗于中，致禽而珥焉。""仲冬斩阳木，仲夏斩阴木""以时入之""有期日"等表明，先秦时期的森林管理是以树木的生长规律，尤其是以生长时间为核心建立起来的，目的在于保证山林树木的可持续利用。其中特别指出对于出于生产工具制作和生活薪柴用林，不加限制，但在砍伐的季节和空间上有细致的规定。同时，古人还建立了一些森林保护区，在这些保护区内，只能在树木停止生长的秋冬季节才能砍伐，反映了古人平衡生产生活用林和森林保护的意识和制度。这一方面保证了人们的生产和生活。另一方面，从现代森林生态学的研究与实践来看，按合理方式砍伐一定数量的林木对保证森林健康是有益且必要的。这对于今天森林保护政策和制度的制定，如在森林的保护与开发利用之间保持平衡，防止一刀切、一律禁止砍伐的懒政，具有借鉴意义。此外，山虞还要执行对山林的祭祀之礼，要保持祭坛的干净和山间道路的通畅，这种对山林的敬畏也是规范中国古人对待山林等自然环境行为的重要制度。尊重自然、敬畏自然不能仅仅停留在口头和宣传上，还必须有意识、有行动。国家祭祀名山大川，民间祭祀福佑一方的山河，对今天祭祀山川之礼是否还有其意义与价值，值得深思！

262.林衡，掌巡林麓①之禁令而平其守，以时计林麓而赏罚之。若斩木材，则受法于山虞，而掌其政令。（《周礼·地官司徒·林衡》）

【注】①林麓：指山脚和平地的林木。

【译】林衡负责掌管、巡视平地和山脚林地的相关禁令，合理设置安排护林员，按时计算、考核他们守护平地和山脚林木的业绩，并对他们进行赏罚。如果要砍伐木材，就请示山虞，按照山虞的要求和安排进行，（林衡）负责掌管政令的执行。

【解】中国古人将山地森林与山脚和平地的森林分设不同的官员来管理，这是因为，山脚和平地的森林离人们的生活区域更近，对人们的生产、生活影响更大却又更容易被毁损。一方面，这些区域的森林更容易被砍伐、盗伐，甚至遭受火灾而焚毁；另一方面，山脚和平地的森林对于防治风沙和减轻洪水、泥石流等灾害又有很大的作用，因而更需要加以重点保护。从制度来看，中国古人设立林衡这种官职不仅要组织民众守护山脚和平地的林木，还要依据林木数量的增减对他们进行奖赏与处罚，从而将森林建设、维护与监管统筹起来。而这些区域林木采伐的制度则与山地森林一致，仍然要遵循森林的生长规律，必须兼顾生产、生活用林与森林保护之间的平衡。

《周礼》中的"地官司徒"，又叫"司土"，是先秦六卿之一，职位相当于宰相，职责是负责土地上一切资源的管理，包括人口资源和教育资源。相当于是掌管今天的自然资源部、生态环境部、教育部、民政部等四部的官长。地官司徒下属官职的设定，以资源要素为主，依据资源所属地理空间来确定。如山虞、林衡都是负责森林管理的官员，综合管理所处地区森林资源的保护、利用和司法工作。这样做的好处是直接压实官员责任，防止条块分割、政出多门、有利互相争夺、有事互相推诿等管理乱象的产生。对今天仍有借鉴意义。2021年，中共中央办公厅、国务院办公厅印发了《关于全面推行林长制的意见》，以严格保护管理森林等资源、维护生态系统稳定为目标，以强化各级领导干部属地管理责任为核心，构建属地负责、党政同责、部门协同、全域覆盖、源头治理的保护发展森林等资源的长效机制。在全国全面推行林长制，对我国森林保护和生态文明建设意义重大，是深入贯彻落实习近平生态文明思想的具体实践，是有效解决森林资源保护发展问题的重要抓手。

263.川衡，掌巡川泽①之禁令，而平其守，以时舍其守，犯禁者执而诛罚之。（《周礼·地官司徒·川衡》）

【注】①川泽：河川和湖沼，泛指江河湖泊。

【译】川衡负责掌管有关江河湖泊的禁令，并合理选择、设置和安排守护江河湖泊的属众，在规定的时间安置守护的人驻地守护，碰到违犯相关禁令的人，要进行抓捕并加以严厉惩处和罚款。

【解】这句话原文是："川衡掌巡川泽之禁令而平其守。以时舍其守，犯禁者，执而诛罚之。祭祀、宾客，共川奠。"与森林一样，河川湖泊也是人类渔猎时获取生活、生产资源的重要采集地。早在先秦时期，中国古人就认识到保护河川湖泊等水体、水生态和对水产资源并进行合理采捕的重要性，并设立了专门的职官。川衡就是周代保护江河湖泊等水体、水生态和水产资源，祭祀江河湖泊的主要官员。他们的作用主要有三个方面：一是保证天子与诸侯等的水产供应；二是维持江河湖泊附近居民进行渔猎采集生产活动的有序；三是依据水产生长的时令特点制定和执行相关法律，保证了水产资源的可持续开发。

《周礼》的川衡制度将江河湖泊一体化管理，相当于为每一条河设立了河长，实现了对河流湖泊的流域化管理，对我们今天开展水域生态资源和环境保护也是颇有借鉴意义的。2003年，浙江省长兴县在全国率先实行保护水域生态的河长制。在总结各地实施河长制的成功经验后，2016年12月，中共中央办公厅、国务院办公厅印发了《关于全面推行河长制的意见》，在全国各地和各部门全面推进河长制的实施。2017年新年伊始，习近平总书记即在新年贺词中发出"每条河流要有'河长'了"的号令。截至2018年6月底，我国31个省（自治区、直辖市）均已全面建立河长制，全国共有省、市、县、乡四级河长30多万名，其中29个省还设立了村级河长76万多名，打通了河长制"最后一公里"。全面推行河长制解决了我国复杂的水质与水生态环境保护问题，是修护和保护河湖生态系统的关键举措，是完善水生态治理体系、保障我国水安全的制度创新，是落实绿色发展理念、推进生态文明建设的内在要求，也是对中国古代优秀生态文化的创造性转化和创新性发展。

264.泽虞，掌国泽之政令，为之厉①禁。使其地之人守其财物，以时入

之于玉府②，颁其余于万民。（《周礼·地官司徒·泽虞》）

【注】①厉：坚硬的石头，这里指用石头划定界限。②玉府：掌管天子金银珠玉、兵器等的官署。

【译】泽虞负责管理王国的湖泊、池塘和沼泽，执行相关政策和法令，为每个湖泽划定保护范围，设置保护界碑和保护禁令。差遣当地的民众守护湖泽里的财货和物产，按节令采集和缴纳珠贝等水中宝物给玉府，剩余的财物则分配给民众。

【解】习近平总书记指出："我国古代很早就把关于自然生态的观念上升为国家管理制度，专门设立掌管山林川泽的机构，制定政策法令，这就是虞衡制度。"可见，中国很早就设立"山虞掌山林之政令，物为之厉而为之守禁"，"林衡掌巡林麓之禁令，而平其守"。从《尚书·舜典》的记载来看，早在上古虞舜时期，我国就设立了专门管理自然生态的部门，叫作"虞"。中国最早的有姓名的官员叫伯益，他是秦国和赵国的始祖也是早期的生物学专家，《汉书·地理志》记载说"伯益知禽兽"。与虞舜时期的大部制生态部门不一样，西周的生态管理部门细化为山虞、川衡、林衡、泽虞等四个平行部门，统统归"地官司徒"领导，也就是有了林官、湖官、陂官、苑官、畴官等。其中，山虞的地位最高，美国学者埃克霍姆称之是世界上最早的"山林局"。秦汉时期虞被"少府"替代，三国之后又恢复了"虞官"。唐、宋、明、清诸时期，朝廷均设有虞衡司，此司即"虞部"，是六部中工部的下属机构。

265.凡田猎者受令焉，禁麛①卵者，与其毒矢射者。（《周礼·地官司徒·迹人》）

【注】①麛（mí）：指小鹿，泛指幼兽。

【译】所有以打猎为生的人，都要接受迹人的管理和指令，（迹人要）严禁人们猎杀幼兽、采集鸟卵，以及用毒箭打猎。

【解】这句话选自《周礼·地官司徒·迹人》，原文是："迹人掌邦田之地政，为之厉禁而守之。凡田猎者受令焉，禁麛卵者，与其毒矢射者。"这句话涉及的是古代野生动物保护的制度。"迹人"是西周时期掌管国家狩猎场的低级官员，主要负责颁布和宣传狩猎相关的法令制度，守护狩猎场地，禁止人们在猎场捕杀幼兽、采食鸟蛋，也禁止用毒箭打猎。可见，早在先秦时期，我国对野生动物资源的保护已经比较严格和体系化，在狩猎对象和狩猎方式上都做出了制度安排和详细规定。在自然环境下生长且未被驯化的动物都属于野生动物。广义的野生动物包括兽类、鸟类、爬行类、两栖类、鱼类以及软体动物和昆虫类；狭义的野生动物指兽类、鸟类、爬行类和两栖类，不包括鱼类和无脊椎动物。野生动物与人类生存息息相关，是地球生命系统的重要组成部分。

自古以来，我国就重视保护、发展和利用野生动物资源。1988年11月8日，我国第一部野生动物保护法——《中华人民共和国野生动物保护法》经七届全国人大常委会第四次会议修订通过，并于1989年3月1日起施行。20年之后，为进一步加强野生动物的保护，《中华人民共和国野生动物保护法》修订版于2018年10月26日经第十三届全国人民代表大会常务委员会第六次会议通过实施。其中第二十四条规定："禁止使用毒药、爆炸物、电击或者电子诱捕装置以及猎套、猎夹、地枪、排铳等工具进行猎捕，禁止使用夜间照明行猎、歼灭性围猎、捣毁巢穴、火攻、烟熏、网捕等方法进行猎捕，但因科学研究确需网捕、电子诱捕的除外。"

266.命祀山林川泽，牺牲毋用牝。禁止伐木，毋覆巢，毋杀孩虫①胎夭飞鸟，毋麛毋卵。（《礼记·月令》）

【注】①孩虫：初生之虫，指刚出生的动物。

【译】国家规定（春天的第一个月）举行山林川泽之神的祭祀时，牺牲祭品不能用母兽。（本月）禁止砍伐一切树木，不能破坏鸟巢，不能捕杀幼兽、采捕胎兽和刚出生的动物、学飞的幼鸟，禁止捕杀小兽和掏取鸟卵。

【解】《礼记·月令》是由上半年六个月"孟春之月""仲春之月""季春之月""孟夏之月""仲夏之月""季夏之月"，"年中祭祀"和下半年六个月"孟秋之月""仲秋之月""季秋之月""孟冬之月""仲冬之月""季冬之月"，共十三部分构成。"月令"是上古时期的一种文章体裁，按照12个月的时令，记述政府的祭祀礼仪、职务、法令、禁令，并把它们归纳在五行相生的系统中，集中反映了中国古代保护自然的"时禁"思想，充分体现了古人生活以自然为依归、人人须顺应自然而生活的观念。

267.是月也，毋竭川泽，毋漉^①陂^②池，毋焚山林。（《礼记·月令》）

【注】①漉（lù）：使干涸。②陂（bēi）：池塘。

【译】本月（春天的第二个月），不可放干河川、湖泊，不可放干陂塘、池塘，也不可放火烧山。

【解】此句原文是："是月也，耕者少舍，乃修阖扇，寝庙毕备。毋作大事，以妨农之事。是月也，毋竭川泽，毋漉陂池，毋焚山林。"中国古代是以农业种植为主、辅以渔猎采集的农耕社会，保证农业种植时间、保护生态资源具有极其重要的地位。中国古人对水资源和森林的保护相当重视。本条所讲的是春天的第二个月，正是鱼虾等各种水生动物和山林野生动物的繁殖时期，不能涸泽而渔，不能焚烧山林。同时，这也是农作物下种培育秧苗的关键时期，需要保证农民的生产时间和农业用水。可见，先秦时期以时令为核心建立的自然保护制度，兼顾生产、生活与生态，具有系统性、全面性和一定的科学性。

268.田猎罝罘①、罗罔、毕②翳③、馁④兽之药，毋出九门。（《礼记·月令》）

【注】①罝罘（jū fú）：泛指捕兽网。②毕：小网长柄的捕猎器物。③翳：隐藏，这里指布置陷阱用的网。④馁（wèi）：同"喂"。

【译】捕捉鸟兽用的器具和有毒的药物，都不许带出城门。

【解】《礼记·月令》载："是月也，命司空曰：时雨将降，下水上腾。循行国邑，周视原野。修利堤防，道达沟渎。开通道路，毋有障塞。田猎罝罘、罗罔、毕翳、馁兽之药，毋出九门。"春季的第三个月，正是新生的幼兽开始追随母兽外出活动、练习生存技能的时候，极易为捕猎的器具和毒饵所杀伤。同时，这个月也是鸟兽等频繁外出觅食，以抚育幼兽幼鸟的关键期，是野生动物保护的重要时期。显然，《月令》的制定者是深知这些知识的，它提出这个月完全禁止人们从事任何渔猎活动。千百年来，《月令》的这些规定深深渗入到古代民众的生产、生活中，唐代诗人白居易说："谁道群生性命微，一般骨肉一般皮。劝君莫打枝头鸟，子在巢中望母归。"民间也广泛流传这样的俗语："劝君莫打三春鸟，子在巢中盼母归；劝君莫食三月鲫，万千鱼仔在腹中。"

269.是月也，树木方盛，乃命虞人，入山行木①，毋有斩伐。（《礼记·月令》）

【注】①行木：巡察树木。

【译】本月（夏季的第三个月），树木生长最为茂盛，于是命令虞人前往山林巡查，防禁砍伐树木。

【解】此句原文是："是月也，树木方盛，乃命虞人，入山行木，毋有斩伐。不可以兴土功，不可以合诸侯，不可以起兵动众。毋举大事，以摇养气。毋发令而待，以妨神农之事也。水潦盛昌，神农将持功，举大事则有天殃。"此条讲的是夏季的第三个月,正是树木新枝逐渐长成的时节,也是果实与种子逐渐成熟的时节。从植物生长来看,这个时节事关树木的成长和繁殖,是森林更新的关键时期。可见,基于长期的观测,中国古人掌握了树木的生长规律,知道这是树木生长最旺盛的一个月,是森林保护的关键时期,因而必须巡视山林、保护森林、防止盗采滥伐。而接下来的秋季的第三个月,《月令》则指出:"是月也,草木黄落,乃伐薪为炭。"这个月,草木枯黄凋落,树木新枝已经成材,就可以砍伐烧成木炭,以备冬季生活之用了。

森林对人类的生存与发展具有极为重要的意义。人类社会诞生之初,就开始开发利用森林资源,从伐木筑巢、建筑房屋到伐薪烧炭生火取暖,森林呵护着人类的生存、生产和生活。而人类由于认知和各种原因,也掠夺性、破坏性地砍伐、毁灭过森林,从而危及自身生存与发展。本条资料说明中国古人很早就认识到森林资源的可再生性,也很早就意识到对森林再生能力进行保护的重要意义。今天我国的森林保护制度已经非常完善,1984年9月《中华人民共和国森林法》由第六届全国人民代表大会常务委员会第七次会议审定通过,并先后于1998年4月29日第一次修正,2009年8月27日第二次修正,2019年12月第三次修订,2020年7月1日起施行。《中华人民共和国森林法》是保障我国木材安全、森林生态安全、国土绿化等意义重大的专项法律。

270.草木零落,然后入山林;昆虫未蛰①,不以火田②。(《礼记·王制》)

【注】①蛰(zhé):动物冬眠,藏起来不食不动。②火田:以火焚烧草木而田猎。

【译】十月草木凋落之后,才可以进入山林砍伐树木。昆虫没有蛰藏入土,不可以焚草以狩猎。

【解】《礼记·王制》记载了先秦天子治理天下的规章制度，内容涉及封国、职官、爵禄、祭祀、葬丧、刑罚、建立成邑、选拔官吏以及学校教育等方面的制度。本条内容一方面规定了山林植物资源的砍伐时间必须在秋季，另一方面，还着重强调了对昆虫的保护。可见，中国古人已经知道，昆虫在春夏活动，入冬以后便蛰藏入土，进入冬眠。为了保护昆虫，不能在昆虫未入土冬眠时焚烧田野荒草。其实，昆虫是生态链极为重要的一环，对于能开花的植物的繁衍具有重要的作用。而今天我们对保护昆虫的重要意义和价值还认识不足，相关保护条例尚未制定。目前，大面积城镇化导致昆虫种群逐渐减少。并且现代农药的滥用，导致许多昆虫遭遇没顶之灾，从而使生态失衡，并给农林产业和自然环境带来不良影响。

271.禹①之禁：春三月，山林不登斧，以成草木之长；夏三月，川泽不入网罟②，以成鱼鳖之长。（《逸周书·大聚解》）

【注】①禹，夏代的第一位帝王。②罟（gǔ）：网的总称。

【译】夏禹颁布禁令：春天的三个月，斧头不准带上山，以让草木复苏、生长；夏季的三个月，网罟不准下河湖，以让鱼鳖繁殖和生长。

【解】这句话选自《逸周书·大聚解》，原文是："旦闻禹之禁：春三月，山林不登斧，以成草木之长；夏三月川泽不入网罟，以成鱼鳖之长。且以并农力执，成男女之功。夫然则有生而不失其宜，万物不失其性，人不失其事，天不失其时，以成万材。万财既成，放此为人。此谓正德。"《逸周书·大聚解》记载的是西周周公姬旦讲述三代中的圣王夏禹执政时曾颁布的生态与生产保护制度。夏禹生活年代大约在公元前21世纪。有学者认为，这是现知中国最早的与环境保护工作相关的国家禁令。该条政令包含三层意思：一是"时禁"思想，即在不同的时期保护不同的自然生态；二是山林川泽一体保护思想，也就是不仅保护森林等植物资源，也要保护水生动物资源；三是重农思想，春夏两季是播种耕耘、采桑养蚕的重要农业时间，不能以别的事情耽搁农时。这体现了夏禹和周公等古代圣贤的财富思想，即财富来源于自然和生产，自然财富需要保护，才能取之不竭，社会财富需要适时生产，才能用之不穷。同时，值得指出的是，周公在此还指出了生态环境保护的伦理学意义，指出坚持维护生态平衡，尊重自然，合理安排生产活动，通过保护自然生态、保证农时来实现财富增长的人，才是具有正直德行的圣帝明王。

【杂家】

272.修火宪①，敬山泽林薮②积草。夫财之所出，以时禁发焉。（《管子·立政》）

【注】①火宪：用火、防火的法令。②薮（sǒu）：人或物聚集的地方，这里指树木密集的森林。

【译】制定野外防火的法令制度，严格管理山丘湖泊和草地森林，这些是财富的来源，要在规定的时间封禁与开发。

【解】这句话的原文是："修火宪，敬山泽林薮积草。夫财之所出，以时禁发焉。使民于宫室之用，薪蒸之所积，虞师之事也。"人类的财富来自何处？中国古代思想家管子认为来自于自然，来自于山林、河川、湖泊，因而要对这些地方加以保护，特别是要严格注意火的使用。管仲生活在春秋时期，曾在齐国为相。他以发展经济、富国强兵为目的，十分注重山林川泽和草木鸟兽等自然资源的保护。类似的思想还很多，《管子·轻重》篇说，山林川泽是出产薪柴和水产的地方，国家应该把山林川泽管理起来，让人民上山去砍柴，下水去捕鱼，然后国家按官价收购，人民也可以通过这些营生来糊口。他认为不能很好地保护、利用山林川泽的人就不配当君主。管仲提出了"以时禁发"的原则，主张用立法和严格执法的办法来保护自然资源。如上文所说："修火宪，敬山泽、林薮、积草，夫财之所出，以时禁发焉。"又如："山林虽近，草木虽美，宫室必有度，禁发必有时。"（《管子·八观》）建造宫室用材要有一定限度，反对滥伐林木或过度开发。他还提出，作为国家的法令就要有权威性，对犯法的人要严刑重罚。"苟山之见荣者，谨封而为禁。有动封山者罪死而不赦。有犯令者，左足入，左足断；右足入，右足断。"（《管子·地数》）管仲的环境保护思想有一个重要特点，就是把保护自然资源与更好地开发、利用这些资源，进一步发展农业生产结合起来了，这就是所谓"先王之禁山泽之作者，博（专）民于生谷也"。（《管子·八观》）

273.毋坏室，毋填井，毋伐树木，毋动六畜，有不如令①者，死无赦。（《说苑·指武》）

【注】①如令：从令，遵令。

【译】军队不得损坏百姓房屋，不得填埋水井，不得砍伐树木，不得损害六畜，违反军令者必处死刑，不予赦免。

【解】这句话选自《说苑》，是西汉史学家刘向（约前77年—前6年）创作的一部著作。习近平总书记2018年5月18日在全国生态环境保护大会上的讲话中曾引用这句话。

崇国是商朝晚期的一个小方国，为周文王所灭。开战时，周文王对军队发布《伐崇令》，原文是："文王欲伐崇，先宣言曰：'余闻崇侯虎，蔑侮父兄，不敬长老，听狱不中，分财不均，百姓力尽，不得衣食，余将来征之，唯为民。乃伐崇，令毋杀人，毋坏室，毋填井，毋伐树木，毋动六畜，有不如令者死无赦。'崇人闻之，因请降。"周文王指出之所以讨伐崇国，是因为崇国的国君崇侯虎昏庸无道，导致百姓生活痛苦，所以出兵是为解救崇国的百姓，故而军队不得损坏百姓房屋，不得填埋水井，不得砍伐树木，不得劫掠六畜，违反军令者"死无赦"。《伐崇令》距今已有3100多年，这是我国现知最早保护房屋、水源、植物、动物等的军令。

274. 时播百谷草木，淳化①鸟兽虫蛾，旁罗日月星辰水波土石金玉，劳勤心力耳目，节用水火材物。（《史记·五帝本纪》）

【注】①淳化：犹驯化。

【译】按时令节候播种百谷草木，驯化养育鸟兽虫豸，观察测定日月星辰以定历法，开采收集土石金玉以供民用，而自己身心耳目却饱受辛劳，使用水、火、木材及其他用品很有节度。

【解】原文是："时播百谷草木，淳化鸟兽虫蛾，旁罗日月星辰水波土石金玉，劳勤心力耳目，节用水火材物。有土德之瑞，故号黄帝。"唐代张守节在《史记正义》中指出："节，时节也。水，陂障决泄也。火，山野禁放也。……言黄帝教民，江湖陂泽出林原隰皆收采禁捕以时，用之有节，令得其利也。"从司马迁的记载可以看出，中国古代的"时禁"制度早在传说中的黄帝时期即已建立，而建立者正是黄帝本人，这是中国古代文献记载的发生时代最早的生态保护与利用制度。这句话也记载了早在黄帝时期，中国先民已经掌握了驯化野生动物的技术。

275. 育之以时，而用之有节。中木未落，斧斤不入于山林；豺獭未祭，罝网不布于墅泽；鹰隼未击，矰弋不施于徯隧①。既顺时而取物，然犹山不茬②蘖，泽不伐夭，蝝③鱼麛卵，咸有常禁。（《汉书·货殖传》）

【注】①徯隧（xī suì）：指小路。②茬：栽培植物（如麦子、玉米、苜蓿、豆或草）收割后余留的残株。③蝝：未生翅的幼蝗，此处指幼小的鱼群。

【译】生产要按照一定的时令，消费也要有所节制。在草木的叶子没有凋落时，不能进入山林砍伐；在农历正月前，不能到江湖打鱼；在农历九月前，不能到田野捕兽；在农历七月前，不能到小路边上捕射飞鸟。除了要顺应时令生产外，还不能在山里砍小树，在湖边割嫩草，不能捕捉幼小的虫、鱼、兽，不能采集鸟蛋，都有常行的规章制度。

【解】这句话出自《汉书》，原文是："昔先王之制，自天子、公、侯、卿、大夫、士至于皂隶、抱关、击柝者，其爵禄、奉养、宫室、车服、棺椁、祭祀、死生之制各有差品，小不得僭大，贱不得逾贵。夫然，故上下序而民志定。于是辩其土地、川泽、丘陵、衍沃、原隰之宜，教民种树畜养；五谷六畜及至鱼鳖、鸟兽、蕅蒲、材干、器械之资，所以养生送终之具，靡不皆育。育之以时，而用之有节。中木未落，斧斤不入于山林；豺獭未祭，罝网不布于壄泽；鹰隼未击，矰弋不施于徯隧。既顺时而取物，然犹山不槎蘖，泽不伐夭，蝝鱼麛卵，咸有常禁。所以顺时宣气，蕃阜庶物，稸足功用，如此之备也。然后四民因其土宜，各任智力，夙兴夜寐，以治其业，相与通功易事，交利而俱赡，非有征发期会，而远近咸足。"

《汉书•货殖传》是东汉史学家班固记载古代经济活动和经济制度的历史文献。在这里，班固对古圣先王的社会制度、经济制度进行了总结，指出古代先王的社会制度维系、生产和消费的物质财富的来源，都与人们依靠自然资源的生产与再生产分不开。班固也着重阐述了古代先王生态保护与利用的"时禁"制度。作为农业为主和渔猎为补充的文明古国，中国的确在很早的年代就探索出了可持续的开发和利用自然生态资源的知识体系，并建立了系统的生态保护和利用制度。

276.自今鳞介羽毛①，肴核众品，非时月可采，器味所须，可一皆禁断，严为科制。（《宋书·明帝本纪》）

【注】①鳞介羽毛：泛指所有野生动物，我国古代对动物分类以动物表面特征为依据。鳞：鱼类，当然还包括长鳞片的蛇和龙，以龙为首；介：是指各种甲壳类动物以及昆虫，以乌龟为首；羽：是指鸟类，长着羽毛的，以凤凰为首；毛：是指兽类，各种有毛的动物，以麒麟为首。

【译】从今以后，各种鱼虾水产和鸟兽以及水果蔬菜，如果不是当季应当捕捞采摘的，也不是祭祀、养生所必需的，可以设立严格的制度全面禁止。

【解】南朝宋明帝刘彧（439年—472年）认为，古代流传下来的虞衡制度不仅仅是繁阜百姓财产的重要制度，更是培育朴实社会风尚的良好制度，深刻地揭示了生态保护与社会治理之间的关系。原文是："八月丁酉，诏曰：'古者衡虞置制，蝝蜭不收；川泽产育，登器进御。所以繁阜民财，养遂生德。顷商贩逐末，竞早争新。折未实之果，收豪家之利，笼非膳之翼，为戏童之资。岂所以还风尚本，捐华务实。宜修道布仁，以革斯蠹。自今鳞介羽毛，肴核众品，非时月可采，器味所须，可一皆禁断，严为科制。'"

生态文明与社会治理之间有着紧密的关系。人类改造自然的活动反映出人与自然的关系，其中又蕴藏着人与人、人与社会的关系，人类对自然环境给予道德关怀，从根本上说也是对人类自身的道德关怀。我们今天进行生态文明建设，实质上不仅仅是要建设良好的生态环境，更是要借此改善人与自然的关系，进而改善人与人的关系，建设良好的社会风尚。

277.（骊山^①）自今已后，宜禁樵采，量为封域。（《唐大诏令集》）

【注】①骊山：位于陕西省西安市临潼区城南，是秦岭山脉的一个支脉，海拔1302米，由东西绣岭组成，是秦岭晚期上升形成的突兀在渭河裂陷带内的一个孤立的地垒式断块山，山势逶迤，树木葱茏，远望宛如一匹苍黛色的骏马而得名。

【译】从今以后，骊山禁止砍柴刈草，划出范围，作为封禁保护地区。

【解】公元731年（开元十九年），唐玄宗（685年—762年）颁布了保护骊山的诏书："禁骊山樵采敕：敕骊山岇秀峰峦，俯临郊甸，上分艮位。每曳云而作雨，下出蒙泉，亦荡邪而蠲瘵。乃灵仙之攸宅，惟邦国之所瞻，可以列于群望，纪在咸秩。自今已后，宜禁樵采，量为封域，称朕意焉。"该诏书指出了骊山的生态状况和生态区位，指出了骊山对于长安城的气候影响和对于国家的神圣意义，阐明了对骊山进行生态保护的多重价值和充足理由。这句话反映了古人对都城周边大山森林植被保护的高度重视，除了具有宗教的意义——这是神仙祖灵所居住的地方之外，古人已经深刻认识到，这些大山良好的生态环境对于都城气候有着重要影响。

278.两京①五百里内，宜禁捕猎，如犯者，王公以下录奏，余委所司，量罪决责。（《唐会要》）

【注】①两京：唐高宗显庆二年（657年）以后，合称京师长安和东都洛阳为两京。

【译】长安和洛阳周围五百里，禁止捕猎，如果有违反的，具有王公等爵位的上奏皇帝，其他交给司法部门，量罪处罚。

【解】《唐会要》记述了唐代各项典章制度的沿革变迁。公元735年（开元二十三年），唐玄宗颁布敕令，保护长安和洛阳周边的生态环境："二十三年八月十四日敕：两京五百里内，宜禁捕猎，如犯者，王公以下录奏，余委所司，量罪决责。"这是唐代玄宗时期对长安和洛阳等京畿重地的生态保护制度，重点在保护两京地区的野生动物，反映出中国古人对于国家政治、经济、文化中心等重要地区生态环境保护与生态安全的重视。因为京畿地区和重要城市周边生态环境的保护，不仅涉及京城的生态安全，更是攸关国家政权安全。古代众多朝代衰落都与都城生态环境恶化有关。唐代"两京500里"范围，是环长安和洛阳地区的生态屏障，相当于今天北京作为山区与平原过渡地带的浅山区范围。据报道，2017年，北京在全国范围率先开展针对浅山地区的保护型专项规划的研究编制，这对于守护好浅山区这个首都城市建设发展的第一道生态屏障至关重要，对于北京加快建设国际一流的和谐宜居之都意义重大。以此类推，各地省会、中心城市和县城也要有意识地建立健全城市周边生态屏障，并做好专项规划。

279.其荥阳仆射陂、陈留蓬池，自今以后，特宜禁断采捕。（《唐会要》）

【译】荥阳的仆射陂和陈留的蓬池，从今以后，不准任何人采集螺蚌、捕捞鱼虾。

【解】公元747年，即天宝六载（天宝三载正月朔，改"年"为"载"），唐玄宗李隆基颁布诏书保护中原地区重要湖泊的水生动植物："（天宝）六载正月二十九日诏：今属阳和布气，蠢物怀生，在于含养，必期遂性。其荥阳仆射陂、陈留蓬池，自今以后，特宜禁断采捕。仍改仆射陂为广仁陂，蓬池为福源池。"该诏书中提到的"仆射陂"又名李氏陂、广仁池，在今河南省郑州市东四里，由熊耳河水在低洼地积蓄而成，是一个类似杭州西湖的风景秀丽的湖泊，规模甚大，在郑州是仅次于圃田泽、荥泽的湖泊，许多文人墨客都为郑州仆射陂写下诗句以赞美这一胜景。《新唐书·地理志》说：（郑州）"有仆射陂，后魏孝文帝赐仆射李冲。因以为名。天宝六年更名广仁池，禁渔采。"后来改名城湖，是郑州的胜景。唐代中期以后，仆射陂遭到肆意捕捞，生态失衡，政府下禁渔令，后改名为广仁陂。仆射陂湖面广阔，鱼跃鸟翔，桑麻盈岸，有着一派江南水乡的风韵。北宋真宗曾登上仆射陂旁的浮波亭观赏陂水。至元代贾鲁整治郑州河流水系时，规模有所减缩。明清时期，仆射陂毗邻郑州凤凰台，湖中遍植荷花，"凤台荷香"成为郑州八景之一。清末民初，由于干旱、战乱等原因，仆射陂的规模大大减缩。新中国成立初期，围湖造田使得仆射陂完全消失。蓬池在今河南省开封市，为西北—东南向椭圆形中型湖泊，曾有诸多名称，东周时称"逢泽"，春秋时称"蓬泽"，战国时称

"逢破""逢破忌泽""逢忌之蔽"，汉时称"蓬阪"或者"百尺阪"，唐时由唐玄宗李隆基更名为"福源池"。战国时期，秦使公子少官帅师会诸侯逢泽，朝天子。唐代，篷池依然烟波浩渺。宋代，篷池在各类典籍中屡见记载。金元以后，黄河多次决口，篷池首当其冲，累经淤塞，渐为平地。

值得注意的是，历史上曾经存在过的陂、池，往往是大江大河流域经过上万年形成的自然蓄水行洪的水域，对于当地生态系统的形成、生态安全的保障和人类生产生活安全保障具有不可替代的作用。这些水域由于人类过度开垦和占用而消失，这不仅破坏了当地的生态系统，使陂、池等生态服务价值荡然无存，而且其基本的蓄水行洪功能也丧失殆尽，建立在其上的村庄和城市也将长期面临洪灾与内涝的危险。目前，我国已在洞庭湖区开展退田还湖工作，1998年洪灾之后，国家开展了洞庭湖二期治理，治理思路发生了重大转变——重点实施"平垸行洪、退田还湖、移民建镇"工程。截至2018年，洞庭湖共平退堤垸333处、搬迁55.8万人，其调蓄面积比1978年扩大了779平方公里。

280.自今以后，每年五月，宜令天下州县禁断采捕弋猎，仍令所在断屠宰，永为常式①。并委州府长吏，严加捉搦②。（《唐会要》）

【注】①常式：固定的制度。②捉搦（nuò）：捉拿，捕捉。

【译】从今以后，每年五月，禁止天下所有州县捕猎打捞野生动物，仍然不准宰杀家禽家畜。

【解】公元780年，即唐德宗建中元年，唐德宗颁布敕令："建中元年五月敕：自今以后，每年五月，宜令天下州县禁断采捕弋猎，仍令所在断屠宰，永为常式。并委州府长吏，严加捉搦。其应合供陵庙，并依常式。"提出了中国古代常在特殊月份和年份实施的禁止杀生的动物保护政策：屠钓之禁。学者郑言午在他的《持素与禁杀：唐代断屠政策的生态学分析》一文中指出："汉代以前，中国古代统治者已常在某些时日发布屠钓之禁，亦即在特定时日禁止捕猎采鱼，此政令的主要目的在于顺应万物生长规律，并使百姓勿因畋猎而妨碍农时。其后，儒家思想之居丧守孝、安贫乐道与仁恕精神渐渐影响中国素食文化，而统治者也为了体现仁政王道，使屠钓之禁更加频繁。"他指出，东汉末年，"佛教自古印度传入我国中原地区后，不断醇化蜕迁，尤其在中古时期，与本土的儒道二教相互渗透，对国家与社会的影响至深。"可见，古代"断屠"的思想基础是佛、道二教不杀生的戒律与儒家的仁爱思想。政令的表现形式则被包括"断肉""禁屠""禁断屠宰"等，实际内容包含了禁止打猎、鱼钓等行为。《魏书》中永平二年（509年）已出现"断屠"一词，"辛丑，帝以旱故，减膳彻悬，禁断屠杀"。唐代屠钓之禁始于唐高祖武德二年（619年）正月二十四日诏令："自今以后，每年正月九日，及每月十斋日，并不得行刑，所在公私，宜断屠钓。"此后近三百年间，唐朝皇帝频繁推行断屠政策，每年正月、五月、九月是佛教的长斋月，唐朝规定这三个月禁止杀生。统计起来，唐朝每年约有超过一百二十天的日子需持素与禁杀。断屠政策保护了耕牛等农业蓄力，禁止猎杀野生动物也改善了自然生态环境，对唐代江南集约化水稻农业的形成有着积极的推动，对唐代生态环境的保护意义不可低估。其中蕴含的珍爱生命、保护自然的生态和谐理念，对当今生态文明建设有着重要的借鉴意义。

281.禁捕鸲鹆^①。（《新五代史》）

【注】①鸲鹆（qú yù）：八哥。

【译】禁止捕捉八哥。

【解】《新五代史》是北宋欧阳修编撰的纪传体史书，属于"二十四史"之一。它记载，后汉隐帝刘承祐（931年—950年）发现八哥捕食蝗虫后，针对八哥颁布了保护政令，体现了古代的益鸟保护制度，原文是：

"鹳鹆食蝗。丙辰，禁捕鹳鹆。"蝗虫引起的灾变是我国古代的重大灾难之一，一旦发生蝗灾，大量的蝗虫会吞食禾田，使农产品完全遭到破坏，引发严重的经济损失以致因粮食短缺而发生饥荒。我国历史上蝗灾迭起，受灾区多集中于河北、河南、山东三省，江苏、安徽、湖北等省亦有分布，严重时可能遍及整个黄土高原。《诗经》中已提到"去其螟螣（螣即蝗虫），及其蟊贼，无害我田稚。田祖有神，秉畀炎火"。后汉时期中原地区更是年年发生蝗灾。据邓云特于1937年出版的《中国救荒史》统计，秦汉时期蝗灾平均8.8年一次，两宋为3.5年，元代为1.6年，明、清两代均为2.8年。

益鸟种类繁多，在生存环境、生理结构、生活习性上千差万别。自古以来，我国政府和民间就重视对益鸟的保护，许多益鸟已被人们熟知和保护。1982年，我国政府决定，将每年四月份第一周作为"爱鸟周"。1982年9月10日，中国邮电部还发行了"益鸟"特邮票，全套共5枚：喜食天牛、蝼蛄之类害虫的"戴胜"，喜食飞虫的"家燕"，喜食松毛虫、梨星毛虫的"黑枕黄鹂"，喜食昆虫及其幼虫和虫卵的"大山雀"和"斑啄木鸟"。不过，益鸟与害鸟有时没有一个固定的划分标准，食虫鸟类饿的时候也有可能破坏庄稼，不容易被科学识别，有的益鸟未被认识，甚至有的还被当作害鸟看待。所以，今天益鸟的保护，不能只限定于几种鸟，而是所有的鸟类，且重点也应放在保护生物链的完整性上，不要人为地破坏。

282.鸟兽虫鱼，俾各安于物性；置罦①罗网，宜不出于国门。庶无胎卵之伤，用助阴阳之气。其禁民无得采捕虫鱼，弹射飞鸟，仍永为定式②。（《宋大诏令集》）

【注】①罦（fú）：一种屋檐下防鸟雀的网。②定式：固定的制度。

【译】最好让鸟兽虫鱼各自按照自己的习性自由生存，捕捉它们的各种工具不应当带出城门。这样，无论胎生还是卵生的动物才不会受到伤害，才有助于天地和气的形成。仍然将禁止百姓不得采集昆虫、捕捞鱼虾、弹射飞鸟作为国家固定制度。

【解】爱生护生，特别是保护怀胎的母兽、幼兽和鸟卵、雏鸟，是中国古代王朝的重要制度，被认为是感召天地和气的仁政之一。宋代皇帝以推行仁政为己任，特别重视"推爱人之心普及含生，恩被动植"，以体现自己的好生之德，感召天地和气，而实现风调雨顺、天下太平、江山稳固。从宋太祖开始，宋真宗、宋仁宗等多次颁布诏令，禁止捕捉、毒杀野生动物和昆虫，禁止售卖毒杀鸟兽的毒药，甚至禁止将捕捉鸟兽的工具和猎狗、猎鹰等动物带到宫观和寺庙等宗教场所。对于两宋来说，生态保护特别是对野生动物的保护与其帝王的治国理政是紧密联系在一起的。

283.应公私不得于泰山樵采，违者具以名闻，重行科断①。（《宋大诏令集》）

【注】①科断：论处；判决。

【译】无论公家还是私人，都不得在泰山砍柴、割草、采集落叶，违背此禁令的要将姓名上报，并加重处罚。

【解】北宋大中祥符元年（1008年）四月，宋真宗（968年—1022年）要去泰山封禅，颁布了针对泰山森林植被等的保护诏令，原文是："禁泰山樵采诏：朕将陟介邱，祗答鸿贶，方遣先置，已谕至怀。而岳镇之宗，神灵攸处，尤宜安静，以表寅恭。虑草木之有伤，在斧斤之不入；庶致吉蠲之恩，式符茂育之仁。应公私不得于泰山樵采，违者具以名闻，重行科断。"宋真宗是中国历史上最后一位封禅泰山的皇帝，对他封禅泰山，历代评价不高。但是，他所颁布的对具有宗教意义和文化意义的名山大川森林植被的保护政策，对于今天历史文化名山的保护仍具有借鉴意义。

我国非常重视历史名胜风景区的生态环境保护工作。1985年6月，国务院发布了《风景名胜区管理暂行条例》。1995年，国家环保局、国家旅游局、建设部、林业部、国家文物局等联合颁发了《关于加强旅游区环境保护工作的通知》，此后，又结合新形势和新要求，制订并发布了风景名胜区的环境保护办法、条例等，对自然保护区、世界文化遗产地、风景名胜区、森林公园、地质公园、重点文物古迹所在地等生态环境进行保护。这也是对古代名山大川生态环境保护制度的继承和发展，对于保护传统文化文脉、开发旅游资源等都具有十分重要的意义。

284.应天下有畲田①，依乡川旧例。其余焚烧田野，并过十月，及禁居民延燔②。（《宋会要》）

【注】①畲田：采用刀耕火种的方法耕种的田地。②燔（fán）：焚烧。

【译】天下州县一直使用畲田的方式生产的，依然按照旧例生产。其他地区必须过十月才能焚烧田间野草积肥，并禁止居民扩大焚烧范围。

【解】大中祥符四年（1011年），宋真宗颁布诏令保护昆虫，原文是："火田之禁，着在《礼》经；山林之间，合顺时令。其或昆虫未蛰，草木犹蕃，辄纵燎原，则伤生类。应天下有畲田，依乡川旧例，其余焚烧田野，并过十月，及禁居民延燔。"为了解决生产方式与生态保护之间的矛盾，宋代采取了现实主义态度：一方面，要尊崇古代制度，昆虫没有进入地底冬眠时不得焚烧田地荒草；另一方面，对于采用畲田等生产方式生产的地区，又尊重其原有的生产方式，不搞一刀切。事实上，在古代中国，畲田的生产方式对生态环境的破坏性影响还是不大的，其土地轮作的方式留给了自然自我恢复的时间。

需要说明的是，畲田是以刀耕火种方式进行耕种的田地。《货殖传》："'楚越之地，地广人稀，或火耕而水耨。'楚俗烧榛种田，谓之火耕。"宋范成大《劳畲耕》诗序："畲田，峡中刀耕火种之地也。春初斫山，众木尽蹶。至当种时，伺有雨候，则前一夕火之，借其灰以粪。明日雨作，乘热土下种，即苗盛倍收。"

285.江南民先禁黐①胶，自今复有违犯者，一斤已上从不应为重，一斤已下从轻断之。（《宋会要》）

【注】①黐（chī）：木胶，用细叶冬青茎部的内皮捣碎制成，可以粘住鸟毛，用以捕鸟。

【译】江南的百姓早就禁止制造和使用木胶捕鸟，从今以后，再有违反禁令，有用木胶捕鸟的人，藏有木胶一斤以上者要重罚，一斤以下可以从轻发落。

【解】木胶捕鸟，易于将大大小小的鸟一网打尽，对维护鸟类的种群数量和繁殖造成了巨大的威胁。宋代统治者意识到这种方式对鸟类的严重危害，为了禁止这种捕杀鸟类的方式，禁止木胶的生产。

鸟类是大自然的重要成员和人类的朋友。由于鸟类的存在，大自然莺歌燕舞，充满生气。更为重要的是，在维持生态平衡中，鸟类的作用不可替代。如果鸟类灭绝，地球上的昆虫将会大量繁殖，森林、草原则会被一食而空，其他野生动物乃至人类就会失去资源和食物。比如，一只杜鹃一年能吃掉松毛虫5万多条；一只大山雀一天捕食的害虫等于自己的体重；一只猫头鹰一个夏季可捕食1000只田鼠，从鼠口为人类夺回粮食1吨；一对啄木鸟可保护500亩林木不受虫害；在喜鹊的食物中，80%以上都是害虫；一窝燕子一个夏季吃掉的蝗虫，如果头尾连接起来，可长达3公里。有些鸟类虽然不吃害虫，但它们是花粉、树种的传播者。由于环境污染，加上乱捕滥猎等原因，鸟类资源遭到破坏，其种类和数量越来越少。据统计，近年来已有90多种鸟从地球上消失。2020年1月22日，我国发布了《国家林业和草原局关于切实加强鸟类保护的通知》，指出"鸟类是生态系统的重要组成部分，切实加强鸟类保护工作，对于保护野生动物资源、维护生态平衡、保护和改善人类生存环境具有十分重要的意义"。

286.诏禁捕采，取狨①毛。（《宋会要》）

【注】①狨（róng）：即金丝猴。

【译】禁止捕捉金丝猴取毛。

【解】金丝猴体长53—77厘米，尾特长，与体长相等或更长，其体形异于其他猴类，吻肿胀而突出，鼻孔向上仰，故得名仰鼻猴。头侧颜面及前胸上半部棕色，胸腹及前肢内侧乳黄色，后肢内侧略深，背部灰色，夹有金黄色的长毛，毛最长可达350毫米。古人用金丝猴的长毛织布，因而大量捕杀金丝猴。这句话记载了宋代对于有经济价值的动物的保护法令。由于人类的大量捕杀，金丝猴已成为濒危动物。除金丝猴之外，宋代还禁止采捕有漂亮长尾羽的山鹇。

金丝猴栖息地多位于海拔1500—3500米一带的针阔混交林和针叶林内，以野果、树叶等为食，相貌奇特，形态十分美丽，具有很高的观赏价值。我国是世界上金丝猴最重要的栖息地，全世界共有4种金丝猴，除了越南金丝猴栖息于越南，其余3种（川金丝猴、滇金丝猴、黔金丝猴）均为我国特有的珍稀动物，是国家一级重点保护动物，国际自然与自然资源保护联盟将其列为"稀有级"动物。据统计，目前，我国有39个与保护金丝猴有关的自然保护区，面积达160多万公顷。

287.淮南、江浙、荆湖①旧放生池废者，悉兴之；元②无池处缘江淮州军近城上下各五里，并禁采捕。（《宋会要》）

【注】①荆湖：湖北、湖南。②元：向来，原来。

【译】淮南、江浙和湖南、湖北等地原有放生池已经废弃的，全部重新设立为放生池。原来没有设立放生池的江淮州驻军所在城市，上下游五里禁止采集螺蚌和捕捞鱼虾等一切水产。

【解】宋代大兴放生池，设立了很多保护水生动物、禁止采捕的大型水域。南宋政局一经稳定，也恢复了西湖放生池的地位，有效地保护了这些地区的生态，为子孙后代留下了宝贵的自然资产和优美的风光。《宋会要》记载："高宗十九日，尚书工部郎中林㟹言：'窃见临安府西湖实形胜之地，天禧中王钦若尝奏为放生池，禁采捕，为人主祈福。比年以来，佃于私家，官收遗利，采捕殆无虚日，至竭泽而渔者，伤生害物，莫此为甚。今銮舆驻跸，王气所存，尤宜涵养，以示渥泽。望依天禧故事，依旧为放生池，禁民采捕，仍讲利害而浚治之。'诏令临安府措置。"显然，宋代放生池制度和近城河流禁止捕捞的制度，对于保护河流和湖泊沼泽等水域生态系统的健康具有非常重要的意义。

288.玳瑁①器暴殄②天物，兹为楚毒③。宜令江淮、两浙、荆湖、福建、广南诸路转运司严加禁止。如官中须用，即临时计度之。（《宋会要》）

【注】①玳瑁（dài mào）：古名瑁、文甲，是一种生活在热带深海底的爬行动物。②殄（tiǎn）：灭绝。③楚毒：残酷。

【译】玳瑁器物的制作过程十分残忍，出产地江淮、两浙、荆湖、福建、广南诸路的转运司要严加禁止生产。如果政府必须使用，再临时考虑。

【解】玳瑁背上有十三块状如盾形、分三行做覆瓦状排列的鳞片，所以玳瑁又叫"十三鳞""长寿龟"。玳瑁鳞片材料珍稀，质地晶莹剔透，花纹清晰美丽，色泽柔和明亮，用它做成的工艺饰品光彩夺目、宝气华盛，品位高贵典雅，是一种神奇而不可思议的"海洋瑰宝"。制作玳瑁器，必须将玳瑁骨肉分离，十分残忍。北宋仁宗（1010年—1063年）在1026年的诏书中指出："山泽之民采取大龟倒植坎中，生伐去肉，剔壳上薄皮，谓之龟筒，货之作玳瑁器。暴殄天物，兹为楚毒。宜令江淮、两浙、荆湖、福建、广南诸路转运司严加禁止。如官中须用，即临时计度之。"中国古人认为残忍对待、虐杀龟类等野生动物有伤天地之和气，对此，两宋帝王和许多大臣都非常反对。南宋初期，大臣知枢密院事陈诚之也上疏说："窃见民间轻用物命以供玩好，有甚于翠毛者，如龟筒、玳瑁、鹿胎是也。玳瑁出于海南，龟则山泽之间皆有之，取其壳为龟筒，与玳瑁同为器用。人争采捕，掘地以为，倒直坎中，生伐其肉。至于鹿胎，抑又甚焉。残二物之命以为一冠之饰，其用至（危）（微），其害甚酷。望今后不得用龟筒、玳瑁为器用，鹿胎为冠，所有兴贩制造，乞依翠毛条禁。"宋高宗（1107年—1187年）采纳了他的建议。两宋为了保护玳瑁，防止残杀玳瑁取壳，采取的是禁止制造、买卖和使用的制度。的确，没有使用，就没有买卖；没有买卖，就没有杀戮。

禁止买卖野生动物是保护它们的有效措施。《中华人民共和国野生动物保护法》第二十二条规定："禁止出售、收购国家重点保护野生动物或者其产品。因科学研究、驯养繁殖、展览等特殊情况，需要出售、收购、利用国家一级保护野生动物或者其产品的，必须经国务院野生动物行政主管部门或者其授权的单位批准；需要出售、收购、利用国家二级保护野生动物或者其产品的，必须经省、自治区、直辖市政府野生动物行政主管部门或者其授权的单位批准。驯养繁殖国家重点保护野生动物的单位和个人可以凭驯养繁殖许可证向政府指定的收购单位，按照规定出售国家重点保护野生动物或者其产品。工商行政管理部门对进入市场的野生动物或者其产品，应当进行监督管理。"

289.应臣僚士庶之家，不得戴鹿胎冠子①，及无得辄采捕制造。乃购赏②以募告③者。（《宋会要》）

【注】①鹿胎冠子：用鹿胎之皮所作的帽子。②购赏：悬赏。③告：举报。

【译】大臣、读书人和普通百姓，禁止穿戴鹿胎所制作的帽子，并禁止抓捕怀胎的母鹿取胎制造。为此，悬赏鼓励人们举报。

【解】这句话选自《宋会要》。它主要记载两宋典章制度，卷帙浩繁，原书久佚，现存残本。

有宋一代，对于以残忍方式剥夺动物生命制作赏玩器具和服饰的行为，采取坚决打击政策。北宋仁宗接连颁布了一些政令，禁止建立在残害动物生命基础上的流行时尚。景祐三年（1036年），宋仁宗颁布诏令："冠冕有制，盖戒于侈心；麛卵无伤，用蕃于庶类。惟兹麀鹿，伏在中林，俗贵其皮，用诸首饰，竞刳胎而是取，曾走险之莫逃。既浇民风，且暴天物。特申明诏，仍立严科，绝其尚异之求，一此好生之德。应臣僚士庶之家，禁戴鹿胎冠子，及无得辄采捕制造。"可见，宋代有识之士深知没有使用就没有买卖、没有买卖就没有杀戮之理，也深知一个不良时尚往往对动物带来没顶之灾。由此，宋朝在保护野生动物方面，往往采取釜底抽薪的方法：禁止使用并鼓励举报使用的人，对举报者还进行物质奖励。

290.且放生地虽有法禁，亦细民①衣食所资，姑大为之防，岂能尽绝。（《建炎以来系年要录》卷一百七十七）

【注】①细民：小民，普通百姓。

【译】放生官河虽然有法律法规保护，但也是沿河百姓生产和生活资源所依赖的，姑且防止大规模的采捕鱼虾，岂能完全禁绝。

【解】南宋史学家李心传（1166年—1243年）所撰《建炎以来系年要录》记载了宋高宗和大臣吕游问的一段对话："辛卯。宰执进呈知均州守臣吕游问言：'本州城下边接汉水放生去处。公库岁收鱼利钱补助天申节进银，自金州以来，密布鱼枋，上下数百里，竭泽而渔，无一脱者。乞禁止。上曰：'均州贡银数不多而经营至此，必是别无窠名可办。且放生虽有法禁，亦细民衣食所资，姑大为之防，岂能尽绝今自官中竭泽采捕以供诞节，其亦不仁甚矣，可如所奏。'"这段君臣对话，揭示了古人对于政府巧立名目征收特产税赋而导致的渔业资源枯竭与生态环境破坏有着深刻认识。他们通常采取取消税赋名目的手段，以保护放生官河生态。同时，这也揭示了古人对生态保护和民众生产之间矛盾的认识：一方面，政府要爱生护生，建立禁渔区；另一方面，也必须不时解禁，以便依赖打鱼为生的当地百姓能够生存下来。习近平总书记指出：既要绿水青山，又要金山银山，绿水青山就是金山银山。今天很多地方，在生态保护上搞一刀切，甚至完全禁止开发，只要绿水青山，不要金山银山，将二者对立起来，损害了生态保护区内群众的利益和积极性。

291.禁上京①等路大雪及含胎时采捕。（《五礼通考》）

【注】①上京：金朝的政区，管辖女真族的发源地，地域广阔，北至外兴安岭，西达嫩江流域，南到信州（今吉林省公主岭一带），东到日本海，东北至鄂霍次克海和库页岛。

【译】禁止在上京等地大雪和动物孕育期间采捕野生动物。

【解】清代秦蕙田所撰《五礼通考》，是一部研究中国古代礼学的集大成之作。它记载，作为以游牧和狩猎为生的少数民族政权，金代同样具有生态保护的观念，也设有"时禁"制度。此外，《五礼通考》还记载类似的多条金代皇帝诏令："豺未祭兽，不许采捕"，"冬月，雪尺以上，不许用网及苏克苏呼，恐尽兽类"。"金泰和元年正月辛未，上以方春，禁杀含胎兔，犯者罪之，告者赏之。"

292.诏禁捕鹙①。（《元史·成宗本纪三》）

【注】①鹙（qiū）：秃鹙，一种水鸟。

【译】（元世祖）下诏禁止捕捉秃鹙。

【解】这是元代对于捕食蝗虫的鸟的保护政策。《元史·成宗本纪三》

记载："丙申，扬州、淮安属县蝗，在地者为鹙啄食，飞者以翅击死，诏禁捕鹙。"元成宗大德三年（1299年），又重申"禁捕秃鹙"。益鸟保护是我国长久以来的传统，特别是能够啄食蝗虫的鸟类，更是古代统治者的重点保护对象。这表明我国一直以来蝗灾严重，同时也表明古人一直在认真观察自然、充分利用自然维护自身平衡的生物链知识防治蝗虫等自然灾害。

293.禁捕天鹅，违者籍^①其家。（《元史·英宗本纪二》）

【注】①籍：抄没。

【译】禁止捕杀天鹅，违者抄没家产。

【解】元代的动物保护政策很多，处罚也重。如《新元史·兵志》记载："至元八年，禁捕天鹅、雌老仙鹤、鹇，违者没其妻子，与拿获人。""延祐二年，凡捕猎，自正月初一日始至七月二十八日，除毒禽、猛兽外，禽兽孕卵者不得捕打，禁捕野猪、鹿、兔，违者罪之。诈称打捕户捕猎者，罪之。"可见，元代也有保护野生动物的"时禁"等观念和制度，以保护动物资源可持续利用。

294.禁捕野物地面，除上都^①、大同^②、隆兴^③三路外，大都^④周围各禁五百里。（《新元史·武宗本纪》）

【注】①上都：元朝陪都，位于今内蒙古自治区锡林郭勒盟正蓝旗境内，多伦县西北闪电河畔。②大同：大同路，元代行政区，辖境相当于今山西大同市、阳高县、天镇县，河北省怀安县、阳原县等地区。③隆兴：隆兴路，元代行政区，管辖今江西等地。④大都：元朝都城，在今北京。

【译】禁止捕杀野生动物的地方，除上都、大同、隆兴三路之外，大都周围五百里也禁止打猎。

【解】上都在蒙古草原，大同路在黄土高原，隆兴路在长江中下游流域，大都即现在的北京，元代规定蒙古草原、山西、北京周边和江西等地禁止捕杀野生动物，地域广阔，在生态环境保护上各有典型意义，保护的野生动物也十分广泛。可见，元代统治者对于生态环境保护特别是野生动物资源保护的价值与意义，有着十分清醒的认识。这对于一个游牧狩猎民族来说，殊为可贵。

元代对大都实行周围五百里禁止捕杀野生动物政策，可谓开启了中国历史上北京地区生态环境保护的先河。历史上，许多朝代建都北京，除了有政治、军事等因素的考量外，还与北京优越的地理环境与良好的自然生态也有直接关系。元、明、清时期，都比较注意保护北京周边的生态环境，森林资源、水资源都相对丰富。新中国建立以来特别是近些年，北京十分重视生态环境建设，不断推进百万亩植树造林工程，极大提升了北京各区的绿化率。根据北京在"十四五"期间的规划，到2025年，全市森林覆盖率将达到45%，平原地区森林覆盖率达到32%。这样一来，北京的城市绿化率将达到较高水平，可以完全满足国家森林城市建设的需要。

295.舍旁田畔及荒山不可耕耘之处，度量土宜，种植树木桑柘，可以饲蚕，枣栗可以佐食，柏桐可以资用。即榛楛杂木，亦足以供炊爨①。（《皇朝经世文四编》）

【注】①炊爨（chuī cuàn）：烧火煮饭。

【译】在住房边上、田间空地以及荒山上，考察土地范围和土壤性质，适宜地种上树木和桑木、柘木，桑木、柘木可以养蚕，枣树、栗树的果实可以充当辅粮，柏树、桐树或可做木材，或可榨取桐油。即使榛树、楛树等杂木，也可以作柴薪。

【解】这是清代雍正皇帝（1678年—1735年）劝喻全国植树的谕令，讲述了植树造林的种种好处，特别是储粮备荒的作用。后来，赵元益的

《备荒说》、彭世昌的《条陈荒政事宜疏》都将植树造林作为储粮备荒的重要手段。植树造林除了树木本身的食用与使用价值之外，还能保持水土、调节气候、保护益鸟与昆虫，对于农业生产有着非常重要的生态意义。

从统治者到老百姓，都十分热爱植树造林，同时植树造林也是我国非常重要的生态文化传统。历史上，古代的皇帝和朝廷曾多次下达植树的命令，并对植树造林成绩显著的官吏民众进行奖励，对植树造林不积极的官吏和百姓则进行处罚。公元前221年，秦始皇（前259年—前210年）统一中国后，便下令在官道两旁植树。公元605年，隋炀帝（569年—618年）下令开河挖渠，诏令民间在河渠两边种植柳树以保护堤岸，规定每种活一棵，就赏细绢一匹。宋太祖（927年—976年）一方面根据植树数量把百姓分成五等，下令凡是垦荒植桑枣者，不缴田租；另一方面，以晋升官级奖励率领百姓植树有功的官吏。元朝建立后，元世祖（1215年—1294年）颁布《农桑之制》规定每名男子每年要种桑、枣二十株，或根据土地情况栽种榆、柳等代替。同时严饬各级官吏督促实施，如失职或审报不实，按律治罪。有明一代，明太祖朱元璋（1328年—1398年）规定"凡农民田五亩至十亩者，栽桑麻木棉半亩，十亩以上者倍之"，以免税鼓励在空地上植树造林，并惩处植树造林不利的吏民。清代鸦片战争后，光绪皇帝（1871年—1908年）还曾诏谕发展农林事业，兴办农林教育。一直以来，春雨飞洒的清明节是中国古代重要的植树时间，由于此时种植树苗成活率高，我国民间很早就形成了清明植树的习俗。1915年，国民政府曾规定清明节为植树节，1928年，为纪念孙中山先生植树造林的愿望，国民政府将植树节改为孙中山逝世的3月12日，这一设定被中国大陆和中国台湾一直沿用。今天，我国植树节仍定于每年的3月12日。

296.所有元邑①周庄镇市河，南至报恩桥，北至全功桥，西至聚宝桥，西北至全福寺港，作为放生官河，不许渔船采捕，以全物命。如敢故违，许指名禀究。地保或狗②纵容隐，察出并处不贷，各宜凛遵毋违，特示。
（《得一录》卷七）

【注】①元邑：元和县，清代雍正二年（1724年），由于苏州府长洲县人口、赋税繁多，分出其南部设立元和县，辖境北起阳澄湖，东南抵甪直、陈墓、周庄，相当于今苏州市古城区东南部及工业园区，与吴县、长洲县同治于府城内。1912年（民国元年）撤废，并入吴县。②狗：同"徇"，曲从。

【译】所有元和县周庄镇的市河，南到报恩桥，北到全功桥，西到聚宝桥，西北到全福寺港，作为放生官河，不许采捕鱼虾螺鳖，以保护这一区域的水生动物。如果有人敢故意违反，准许指名禀报官府追究其责任，地保等差役若敢隐瞒纵容，一经查出，一并严惩不贷。

【解】苏州昆山周庄，是江南六大古镇之一，是江南水乡风貌的典范，加上独特的人文景观，是中国水乡文化和吴地文化的瑰宝。从这段话可以看出，周庄保存了良好的生态，古人对其市区内以放生官河的形式进行水生态资源的保护功不可没。该原文是清代道光年间苏州府的一则告示，全文如下："乡镇宪示：苏州府为据禀给示禁约事。据某某等禀称：元境周庄镇地方，四面环河，有等渔业之人，在河捕捉。迩来渐入市港，鱼无巨细，搜捕一空。甚至攫取螺鳖，将铁器扒损岸脚。今渔船既聚，适市民舟，拥挤水面，惟思若辈生涯亦易，岂必在市港狭窄之所。生等拟定界地，南至报恩桥，北至全功桥，西至聚宝桥，西北至全福寺港，永作放生官河，毋许采捕。不求晓谕，难以禁止，环叩查照各善堂成案，出示严禁入市捕鱼，以广仁德等情。到府据此除禀批示外，合就给示禁约。为此示仰各该地保及渔户诸色人等知悉。所有元邑周庄镇市河，南至报恩桥，北至全功桥，西至聚宝桥，西北至全福寺港，作为放生官河，不许渔船采捕，以全物命。如敢故违，许指名禀究。地保或狗纵容隐，察出并处不贷，各宜凛遵毋违特示。道光二十四年五月二十九日示。"

　　这段话选自清代江苏无锡人余治（1809年—1874年）所著的《得一录》。余治，字翼廷，号莲村、晦斋、寄云山人，晚署木铎先生，门人私谥"孝惠"，江苏无锡人，为咸丰、同治时期江南著名的慈善家、戏曲作家。为帮助饱受清军与太平军战乱的江南百姓，他收集资料，编成善书《得一录》，辑录了古今各种开展慈善活动的章程，包括民间条规和政府法令，以便读者采纳和仿照开展慈善活动，号召有力者投身慈善，协助抚平社会创伤。值得注意的是，余治将生态保护也列为慈善事业。

297.放生官河规条①：

　　放生河应设司事②经管稽查。如河隶书院或善堂，则司岁事即书院、善堂之司岁兼管。其司察事，即捐资经议诸君轮月稽查。如遇匪人偷捕，即送官究治。倘司事中有远游及出仕，或荐贤自代，或公举补缺。

　　放生河已详宪③办案。宜祀神立碑，永禁采捕。其界址所在，宜多立奉宪放生河小碑石。每年清明、冬至两期，或天赦吉日，司事率同漆石工人，于各小碑石字上俱润朱④一遍，以醒众目。倘有欹⑤者正之，缺者补之，以符原立之数，不致历久残缺。

　　放生河除请给谕单⑥。严谕渔甲，使之督禁渔户外，每年于二、八两月，仍须请邑尊给严禁偷捕告示十数道，分贴沿岸行铺等处。并给湖差坊保渔甲分班巡逻，查缉牌票。

　　竹木簖上，向多扳罾⑦捕鱼，又有将树木枝桠沉贮水中，暗自成围，河面浮水草一丛，名曰燕子窠，使游鱼藏聚，便于偷捕，至冬季尤甚。宜饬差协同渔首小甲，押令各渔户将渔窠树枝捞起尽净，并取具不再私捕杂捉，甘结存案。凡我同人，当随时查察，如河中再有燕窠哨袋等物，即协同渔甲捞去，以除弊窦。并赖沿河居住行铺诸君，如有见闻，务祈照谕禁告示，共相禁止。

　　放生河立碑禁捕，饬河差巡缉，往往始勤终怠，视为具文，且积久弊生，渐启分肥，狥纵之端。又司事稽查或遇有偷捕，理言禁止，即闻声潜逸，甚者反肆强梁，与舟人雀角。咸在波面船头，万一失足，有不测之虞，事尚未臻尽善。宜饬取渔首甘结⑧，俾不致通同甲长，贿纵渔船，或晓或夜，仍滋偷捕等弊。又取地保甘结，俾不致徇纵岸户中游手好闲人，违禁扳罾恣捕伤生等弊。嗣后贤邑侯遵例谕禁渔船偷捕，责在渔首，岸人扳罾，责在地保，逢有滋弊，即行呈治。

冬季漕艘船上水手人等，往往以扳罾捕鱼为乐。奉本道宪给示，严禁帮船水手违禁捕鱼，以全善举。并发宪牌，一行县，俾一体给示严禁。一移卫，俾各船遵照禁约。发以为例。

现议规条，倘岁远时迁，未免事有异宜，恒赖贤父母慈爱为怀，诸君子维持勿替。俾全河水族涵泳于光天化日之中，永无网罟刀砧之厄。尤深望于后之仁人匡济也。平湖放生湖，一隶育婴堂，一隶当湖书院，共相经理。善士黄菊坪等捐田三十余亩，赎湖放生，详宪立案立石二十余处，永禁采捕。仍每年捐钱数十千，半买物放生，半作堂中办理费，其法甚善。（《得一录》卷七）

【注】①规条：规章条文。②司事：指古代官署中低级吏员或公所、会馆等团体中管理账目或杂务的人员。③详宪：以公文向上司申报。④润朱：此处指用红色油漆描红石碑上的文字。⑤敧（yī）：倾斜不正。⑥谕单：上级给下级的手令或告诫的文书，此处指公开的告诫文书。⑦扳罾（bān zēng）：亦作"扳缯"，指的是网具敷设水中，待鱼类游到网的上方，及时提升网具，再用抄网捞取渔获物的一种敷网，是拉罾网捕鱼。⑧甘结：交给官府的一种画押字据。

【解】这段话记载了清代苏州地区官方保护放生官河水生态的制度。从中可以看出，清代江苏地区放生官河管理条例有七条，内容周密详细，包括放生官河由民间书院或慈善机构管理，并设置专人负责；树立石碑进行告示和确定边界，并对石碑定期进行管理和描红；申请官府文书作为执法依据并进行广发宣传；成立巡逻队细致巡查，防范人员失足落水；保障管理经费来源；还对制度的长期执行加以期望和勉励。从这个条规可以看出，古代生态保护制度以官方法令的形式出现，却密切地依靠地方士绅和书院、育婴堂等慈善机构的人力物力，体现出政府与民间组织在生态环境保护方面的制度性合作。

298.倘敢抗违不遵，仍前购毒药取鱼鲜，一经访闻，或被告发，定即提案究处，决不姑宽。其各凛遵，毋违特示。（《得一录》卷七）

【译】如果敢违抗法令，仍然购买巴豆、雷公藤等毒药毒杀水中鱼虾等，一经查访得知或被人告发，定会立即捉拿追究严惩、绝不姑息。

【解】这段话选自清代宁绍台道所辖鄞县县令根据道台的法令发布的禁止毒鱼的告示，原文是："严禁毒鱼宪示：……照得宁属各县，每有无赖之徒，购买巴豆，俗名净刚子，或用雷公藤，煎汁倾河，药取鱼鲜。无论巨细，受毒即死，河无噍类。甚至居民汲饮此水，轻则染病，重则伤生，不惟戕害物命，抑且毒及闾阎。即经前道暨本道札府饬禁在案，兹据绍郡绅士严嘉荣等呈请饬禁前来，诚恐日久玩生，札府转饬示禁等因，奉经照案示禁在案。兹访有贪利之徒，仍前售买净刚子、雷公藤等毒物，煎汁倾河药鱼情事，合再照案出示严禁。为此示仰阖邑渔户及诸色人等知悉：尔等须知古制数罟尚不入池，况以毒物药取鱼鲜，几至鳞介不留遗种。其暴殄物命，莫有甚于此者。且居民买食此鱼，汲饮此水，中毒染病，受累伤生，在所不免，更为民生之害。自示之后，务各痛改前非。切勿再以净刚子、雷公藤煎汁投入河中。只为尔一人谋些微之利，以致害物害人。似此居心，亦断不能赚钱获利。倘敢抗违不遵，仍前购毒药取鱼鲜，一经访闻，或被告发，定即提案究处，决不姑宽。其各凛遵，毋违特示。咸丰七年六月十五日。"

"宪示"是古代省、府等地方政府颁布的法令告示，该告示以白话的语气指出毒鱼的危害：以毒药毒鱼会将河中水生动物毒杀无遗，还会污染水源，导致两岸饮用河水的居民中毒染病，同时，被毒杀的鱼虾等水产也含有毒，使用此种鱼类的居民也会中毒，而且，用此种方法捕捞鱼虾，也不可能发家致富。这反映了清代地方官吏对水产资源和河流等水资源的保护。因为难于查禁，现在我国一些偏远乡村仍然存在毒鱼、电鱼等违法现象，需要加以高度重视。

299.苏州彭氏放生池规约①：

守院人宜护持生物，上防恶鸟，下防恶兽。至岸有坍缺，及时报知修整。不得抛入恶水，及恶汁。亦不得放草太多。不得留人宿。

园中种菜，其多生虫豸，致伤物命者，皆宜少种。可多种瓜、茄、刀豆、芊豆、芝麻等物。

灯罩用心整治，泯缝盖时紧掩，恐伤物命。

宜放鱼、虾、蛤蚌等。

池中勿放黑鱼②、鳜鱼、鲇鱼、汪刺鱼、杜父鱼、鳖、鳝，以要害好鱼故。

池内勿放螺蛳，以内有青鱼要食螺蛳故。

不得以洗刮油腻、及糟糠等物入池中，鱼食之多泛死故。

不得多买草料，宜少少与之。

防獭及恶鸟，要爪鱼故。

蟹勿放池中，蟹要箝鱼眼，龟要吃蟹故。

特启放生诸善人，凡来放生者，必遵先师规约。而住持大师，见有来放生者，务必引看此碑。有放不得者，必放外河为妥。盖凡物各有相生相克之性，倘不讲究，遗害非细，不慎乎。（《得一录》卷七）

【注】①规约：经过相互协议规定下来的共同遵守的条款。②黑鱼：是乌鳢的俗称。又名乌鱼、生鱼、财鱼、蛇鱼、火头鱼、黑鳢头等，黑鱼性情凶猛，属于肉食性鱼类，喜欢生活在水草繁茂的浅水区。此处所列举

的鳜鱼、鲇鱼、汪刺鱼、杜父鱼、鳖、鳝等都是肉食性的水生动物。

【解】无论是在古代还是现代，放生都是一门讲求知识与信仰的技术活，随便放生不仅不是放生，还会带来新的杀戮。此规约十条放生条规，详细地规定了放生池的建设、管理，水生态的保护，周边植物的种植，以及所放生动物之间的相生相克的关系，体现了中国古人出于宗教目标，真心爱生护生的情怀。今天，随便放生，特别是放生外来物种，导致本地生态失衡，已成为我国江河湖泊等公共水域生态保护的公害。古人在放生方面周密细致的考量，值得今人深思。

目前，我国也开始针对民间放生乱象进行管理。据报道，为保护好三江源源头水生态，2020年9月，青海省果洛州委、州政府制定出台了《果洛州规范民间放生放流管理办法（试行）》，明确规定组织和个人一次性放生陆生动物和水生生物的数量、举办大型放生放流活动的审批程序，明确农牧渔政、生态环境、林业、水利、市场监管、公安、民族宗教等部门工作职责，建立联系协调配合机制，规定了组织和个人违反办法的处罚措施。

【文学】

300.鲜肥①属时禁，蔬果幸见尝。（《郡斋雨中与诸文士燕集》）

【注】①鲜肥：鱼与肉。

【译】鱼和肉是夏令禁食的荤食，蔬菜水果则希望大家尽管品尝。

【解】这句话选自唐代诗人韦应物的《郡斋雨中与诸文士燕集》，原文是："兵卫森画戟，宴寝凝清香。海上风雨至，逍遥池阁凉。烦疴近消散，嘉宾复满堂。自惭居处崇，未睹斯民康。理会是非遣，性达形迹忘。鲜肥属时禁，蔬果幸见尝。俯饮一杯酒，仰聆金玉章。神欢体自轻，意欲凌风翔。吴中盛文史，群彦今汪洋。方知大藩地，岂曰财赋疆。"该诗歌反映了唐代近三百年间频繁推行"断屠"政策下的官员宴会情况。在各种风俗禁忌的影响下，唐朝每年约有超过一百二十天的日子需食素与禁杀，为历代之甚，是唐代国家政治及社会生活中的一件大事。而且，唐代制度执行非常严格，韦应物时任苏州刺史，相当于正省级地方大员，但宴会宾客也不能摆上鱼肉等荤菜，而只有蔬菜瓜果。可见，唐代在斋月期间，禁止屠宰和捕捞野生动物的制度是非常严格的，即使高级官员也不敢违背。

"天下之事，不难于立法，而难于法之必行。"生态保护制度的力量在于执行，严格的生态保护制度只有被严格的遵守，才能真正发挥作用。党的十八大以来，党中央和国务院特别重视生态环境保护制度的落实，坚决不让生态环境保护制度成为"稻草人""纸老虎""橡皮筋"，不能搞任何形式的回避、变通和折扣。习近平总书记指出："只有实行最严格的制度、最严密的法治，才能为生态文明建设提供可靠保障。"据统计，2015年12月至2019年5月，第一轮中央环保督察及"回头看"实现对省级全覆盖，受理群众举报21.2万余件，立案处罚4万多家，罚款金额24.6亿元，立案侦查2303人，拘留人数共2264人。目前，国家正在逐步建立健全生态环境保护督察制度，设立了中央生态环境保护督察办公室，推动督察向法治化和纵深发展。

参考文献

阮元校刻：《十三经注疏（清嘉庆刊本）》，中华书局2009年版。

黄寿祺、张善文：《周易译注》，上海古籍出版社2004年版。

李民、王健：《尚书译注》，上海古籍出版社2004年版。

程俊英：《诗经译注》，上海古籍出版社2004年版。

金良年：《论语译注》，上海古籍出版社2004年版。

汪受宽：《孝经译注》，上海古籍出版社2004年版。

胡奇光、方环海：《尔雅译注》，上海古籍出版社2004年版。

金良年：《孟子译注》，上海古籍出版社2004年版。

杨天宇：《仪礼译注》，上海古籍出版社2004年版。

杨天宇：《礼记译注》，上海古籍出版社2004年版。

杨天宇：《周礼译注》，上海古籍出版社2004年版。

王维堤、唐书文：《春秋公羊传译注》，上海古籍出版社2004年版。

承载：《春秋穀梁传译注》，上海古籍出版社2004年版。

李梦生：《左传译注》，上海古籍出版社2004年版。

黄怀信、张懋镕、田旭东：《逸周书汇校集注》，李学勤审定，上海古籍出版社1995年版。

韦昭注，徐元诰集解：《国语集解》，王树民、沈长云点校，中华书局2019年版。

司马迁撰，裴骃集解，司马贞索隐，张守节正义：《史记》，中华书局2014年版。

班固撰，王先谦补注：《汉书补注》，上海古籍出版社2008年版。

范晔撰，李贤等注：《后汉书》，中华书局1965年版。

房玄龄等：《晋书》，中华书局1974年版。

沈约：《宋书》，中华书局1974年版。

王仁裕等：《开元天宝遗事（外七种）》，丁如明等校点，上海古籍出版社2012年版。

王溥：《唐会要》，上海古籍出版社2006年版。

宋敏求编：《唐大诏令集》，中华书局2008年版。

欧阳修撰，徐无党注：《新五代史》，中华书局1974年版。

司义祖整理：《宋大诏令集》，中华书局1962年版。

周密：《癸辛杂识》，王根林校点，上海古籍出版社2012年版。

李攸：《宋朝事实》，中华书局1955年版。

李昉等编：《太平广记》，中华书局1961年版。

宋濂等：《元史》，中华书局1976年版。

郭沂编撰：《子曰全集》，中华书局2017年版。

王弼注：《老子道德经注校释》，楼宇烈校释，中华书局2008年版。

郭庆藩：《庄子集释》，王孝鱼点校，中华书局2012年版。

王先谦：《荀子集解》，沈啸寰、王星贤点校，中华书局1988年版。

苏舆：《春秋繁露义证》，钟哲点校，中华书局1992年版。

王利器校注：《盐铁论校注》，中华书局1992年版。

王先慎：《韩非子集解》，钟哲点校，中华书局1998年版。

黎翔凤：《管子校注》，梁运华整理，中华书局2004年版。

许维遹集释：《吕氏春秋集释》，梁运华整理，中华书局2009年版。

刘文典：《淮南鸿烈集解》，冯逸、乔华点校，中华书局1989年版。

程翔评注：《说苑》，商务印书馆2018年版。

陈鼓应：《老子注译及评介》，中华书局1984年版。

陈鼓应注译：《庄子今注今译》，中华书局2009年版。

张觉：《荀子译注》，上海古籍出版社2012年版。

何宁：《淮南子集释》，中华书局1998年版。

王国轩、王秀梅译注：《孔子家语》，中华书局2011年版。

王钧林、周海生译注：《孔丛子》，中华书局2009年版。

蒋人杰编纂：《说文解字集注》，刘锐审订，上海古籍出版社1996年版。

张载：《张载集》，章锡琛点校，中华书局1978年版。

程颢、程颐：《二程集》，王孝鱼点校，中华书局1981年版。

陆九渊：《陆九渊集》，钟哲点校，中华书局1980年版。

黎靖德编：《朱子语类》，王星贤点校，中华书局1986年版。

朱熹：《四书章句集注》，中华书局1983年版。

陈荣捷：《近思录详注集评》，华东师范大学出版社2007年版。

陈荣捷：《王阳明〈传习录〉详注集评》，华东师范大学出版社2009年版。

王阳明：《王阳明全集（新编本）》，吴光、钱明、董平等编校，浙江古籍出版社2011年版。

　　王夫之：《船山全书》，岳麓书社1988年版。

　　苏轼撰，茅维编：《苏轼文集》，孔凡礼点校，中华书局1986年版。

　　干宝：《新辑搜神记》，李剑国辑校，中华书局2007年版。

　　郁贤皓校注：《李太白全集校注》，凤凰出版社2015年版。

　　马天祥译注：《格言联璧》，中华书局2020年版。

　　朱熹：《朱子全书》，朱杰人、严佐之、刘永翔主编，上海古籍出版社
2002年版。

　　诸葛亮：《诸葛亮集》，段熙仲、闻旭初编校，中华书局1960年版。

　　吴在庆：《杜牧集系年校注》，中华书局2008年版。

　　王维：《王维集校注》，陈铁民校注，中华书局1997年版。

　　袁行霈：《陶渊明集笺注》，中华书局2003年版。

　　萧统编：《文选》，海荣、秦克标校，上海古籍出版社1998年版。

　　欧阳修：《欧阳修诗文集校笺》，洪本健校笺，上海古籍出版社2009
年版。

　　庾信：《庾子山集注》，倪璠注，许逸民校点，中华书局1980年版。

　　杜甫：《杜诗详注》，仇兆鳌注，中华书局2015年版。

　　孟浩然：《孟浩然诗集校注》，李景白校注，中华书局2018年版。

　　陆游：《剑南诗稿校注》，钱仲联校注，上海古籍出版社2005年版。

　　韦应物：《韦应物集校注》，陶敏、王友胜校注，上海古籍出版社1998
年版。

　　姚春鹏译注：《黄帝内经》，中华书局2010年版。

　　逯钦立辑校：《先秦汉魏晋南北朝诗》，中华书局1983年版。

韩希明译注：《阅微草堂笔记》，中华书局2014年版。

《中华大藏经》编辑局编：《中华大藏经（汉文部分）》，中华书局1987年版。

尚荣译注：《坛经》，中华书局2013年版。

赞宁：《宋高僧传》，范祥雍点校，上海古籍出版社2014年版。

普济：《五灯会元》，苏渊雷点校，中华书局1984年版。

张美兰：《祖堂集校注》，商务印书馆2009年版。

圆香语译：《大乘本生心地观经》，东方出版社2020年版。

龙树菩萨造，鸠摩罗什译：《大智度论》，王孺童点校，宗教文化出版社2014年版。

戴传江译注：《梵网经》，中华书局2010年版。

曹鹤舰：《新时代中国生态文明建设》，四川人民出版社2019年版。

曾繁仁主编：《人与自然：当代生态文明视野中的美学与文学》，河南人民出版社2006年版。

李军等：《走向生态文明新时代的科学指南：学习习近平同志生态文明建设重要论述》，中国人民大学出版社2015年版。

李泽厚：《论语今读》，生活·读书·新知三联书店2008年版。

卢风、曹孟勤、陈杨主编：《生态文明新时代的新哲学》，中国社会科学出版社2019年版。

南怀瑾著述：《易经杂说》，复旦大学出版社2019年版。

王泽应：《自然与道德——道家伦理道德精粹》，湖南大学出版社1999年版。

习近平：《之江新语》，浙江人民出版社2007年版。

徐恒醇：《生态美学》，陕西人民教育出版社2000年版。

余杰主编：《生态文明概论》，江西人民出版社2013年版。

周国文主编：《生态和谐社会伦理范式阐释研究》，中央编译出版社2019年版。

人民日报评论部编著：《习近平用典（第一辑）》，人民日报出版社2018年版。

人民日报评论部编著：《习近平用典（第二辑）》，人民日报出版社2018年版。

人民日报社理论部编：《深入学习习近平同志系列讲话精神》，人民出版社2013年版。

习近平：《习近平谈治国理政（第一卷）》，外文出版社2014年版。

习近平：《习近平谈治国理政（第二卷）》，外文出版社2017年版。

习近平：《习近平谈治国理政（第三卷）》，外文出版社2020年版。

后记

经过近两年努力，《中国古代生态智慧300句》一书编辑出版了。

本书主要从天人关系、生态价值、生态伦理、生态消费、生态发展、生态审美、生态制度等七个方面对中国古代生态智慧进行总结和梳理，注重理论联系实际，既根据文献作出思想诠释，又联系实际进行案例分析，力图准确论述中国古代儒家、道家和佛教以及其他流派的生态思想。

本书是集体研究的成果。武汉大学国学院李军研究员负责本书策划、构思、审改并撰写了前言；贵阳孔学堂高等研究院肖立斌研究员负责全书统稿；贵阳孔学堂高等研究院杨雅捷同志撰写"天人篇"；贵州大学哲学与社会发展学院邓国宏副教授撰写"价值篇"；深圳大学人文学院李大华教授撰写"伦理篇"；贵州大学文学与传媒学院付星星副教授撰写"消费篇"和"审美篇"；贵州大学文学与传媒学院贾梦雨讲师撰写"发展篇"；贵州省社会科学院周之翔研究员撰写"制度篇"。

本书适宜党政部门、企事业单位干部和社会公众阅读，能够为当前生态文明建设和生态环境治理提供有益启示。由于知识水平及理解能力局限，编写组对中国古代生态智慧的梳理、诠释、研究定有疏漏、肤浅之处，祈望读者不吝指教，帮助我们把相关研究引向深入。

本书编写组

二○二二年十二月